国家级一流本科专业建设点配套教材 · 服装设计专业系列
辽宁省精品课　辽宁省一流本科课程配套教材
高等院校艺术与设计类专业“互联网 +”创新规划教材

丛书主编 | 任　绘
丛书副主编 | 庄子平

服装立体造型制板

任　绘　张馨月　编著

北京大学出版社
PEKING UNIVERSITY PRESS

内 容 简 介

服装立体造型制板是服装与服饰设计专业的必修课程，对学生的空间塑造、制板、造型、艺术审美、工艺制作等能力培养起到至关重要的作用，也是学生毕业后成为一名优秀的服装设计师、制板师的必备技能。本书基于“艺工结合——服装艺术设计与服装工程技术并重”的原则，介绍了丰富的立体制板技术技巧、经典的款式造型教学，从空间审美、造型审美、比例审美等角度出发，指导学生在打好坚实的立体制板技术能力基础的同时，注意服装审美能力的培养。

本书可以作为高等院校服装与服饰设计专业的教材，也可以作为从事服装设计与立体制板工作的相关人员的参考用书。

图书在版编目 (CIP) 数据

服装立体造型制板 / 任绘，张馨月编著. —北京：北京大学出版社，2022. 9

高等院校艺术与设计类专业“互联网 +”创新规划教材

ISBN 978-7-301-33345-7

Ⅰ. ①服… Ⅱ. ①任…②张… Ⅲ. ①服装—造型设计—高等学校—教材 Ⅳ. ①TS941.2

中国版本图书馆 CIP 数据核字 (2022) 第 169843 号

书　　名　服装立体造型制板
FUZHUANG LITI ZAOXING ZHIBAN
著作责任者　任　绘　张馨月　编著
策划编辑　孙　明
责任编辑　蔡华兵
数字编辑　金常伟
标准书号　ISBN 978-7-301-33345-7
出版发行　北京大学出版社
地　　址　北京市海淀区成府路 205 号　100871
网　　址　http://www.pup.cn　新浪微博：@北京大学出版社
电子信箱　pup_6@163.com
电　　话　邮购部 010-62752015　发行部 010-62750672　编辑部 010-62750667
印 刷 者　三河市博文印刷有限公司
经 销 者　新华书店
889 毫米 ×1194 毫米　16 开本　10 印张　191 千字
2022 年 9 月第 1 版　2022 年 9 月第 1 次印刷
定　　价　42.00 元

FOREWORD

序言

纺织服装是我国国民经济传统支柱产业之一，培养能够担当民族复兴大任的创新应用型人才是纺织服装教育的根本任务。鲁迅美术学院染织服装艺术设计学院现有染织艺术设计、服装与服饰设计、纤维艺术设计、表演（服装表演与时尚设计传播）4个专业，经过多年的教学改革与探索研究，已形成4个专业跨学科交叉融合发展、艺术与工艺技术并重、创新创业教学实践贯穿始终的教学体系与特色。

本系列教材是鲁迅美术学院染织服装艺术设计学院六十余年的教学沉淀，展现了学科发展前沿，以“纺织服装立体全局观”的大局思想，融合了染织艺术设计、服装与服饰设计、纤维艺术设计专业的知识内容，覆盖了纺织服装产业链多项环节，力求更好地为全产业链服务。

本系列教材秉承“立德树人”的教育目标，在“新文科建设”“国家级一流本科专业建设点”的背景下，积聚了鲁迅美术学院染织服装艺术设计学院学科发展精华，倾注全院专业教师的教学心血，内容涵盖服装与服饰设计、染织艺术设计、纤维艺术设计3个专业方向的高等院校通用核心课程，同时涵盖这3个专业的跨学科交叉融合课程、创新创业实践课程、产业集群特色服务课程等。

本系列教材分为染织服装艺术设计基础篇、理论篇、服装艺术设计篇、染织艺术设计篇、纤维艺术设计篇5个部分，其中，基础篇、理论篇涵盖染织艺术设计、服装与服饰设计、纤维艺术设计3个专业本科生的全部专业基础课程、绘画基础课程及专业理论课程；服装艺术设计篇、染织艺术设计篇、纤维艺术设计篇涵盖染织艺术设计、服装与服饰设计、纤维艺术设计3个专业本科生的全部专业设计及实践课程。

本系列教材以服务纺织服装全产业链为主线，融合了专业学科的内容，形成了系统、严谨、专业、互融渗透的课程体系，从专业基础、产教融合到高水平学术发展，从理论到实践，全方位地展示了各学科既独具特色又关联影响，既有理论阐述又有实践总结的集成。

本系列教材在体现了课程深厚历史底蕴的同时，展现了专业领域的学术前沿动态，理论与实践有机结合，辅以大量优秀的教学案例、社会实践案例、思考与实践等，以帮助读者理解专业原理、指导读者专业实践。因此，本系列教材可作为高等院校纺织服装时尚设计等相关学科的专业教材，也可为从事该领域的设计师及爱好者提供理论与实践指导。

中国古代“丝绸之路”传播了华夏“衣冠王国”的美誉。今天，我们借用古代“丝绸之路”的历史符号，在“一带一路”倡议指引下，积极推动纺织服装产业做大做强，不断地满足人民日益增长的美好生活需要，同时向世界展示中国博大精深的文化和中国人民积极向上的精神面貌。因此，我们不断地探索、挖掘具有中国特色纺织服装文化和技术，虚心学习国际先进的时尚艺术设计，以期指导、服务我国纺织服装产业。

一本好的教科书，就是一所学校。本系列教材的每一位编者都有一个目的，就是给广大纺织服装时尚爱好者介绍先进思想、传授优秀技艺，以助其在纺织服装产品设计中大展才华。当然，由于编写时间仓促、编者水平有限，本系列教材可能存在不尽完善或偏颇之处，期待广大读者指正。

欢迎广大读者为时尚艺术贡献才智，再创辉煌！

任戬

鲁迅美术学院染织服装艺术设计学院院长

鲁美 · 文化国际服装学院院长

2021 年 12 月于鲁迅美术学院

前言

立体裁剪是探索人体与面料之间微妙关系的神秘武器，它以曼妙的人体为中心，不断地思索、塑造着面料与人体之间完美的空间关系。它连接创作者与其手中的作品，与创作者进行实时互动，及时给创作者反馈信息，以科学、合理且优美的技术手段将创作者手中的作品呈现出来。可以说，熟练掌握立体裁剪，即服装立体造型制板技术，是创作者成为一名优秀服装设计师的重要前提。

服装立体造型制板是鲁迅美术学院服装与服饰设计专业中重要的专业基础课程，不仅能够培养学生扎实的制板造型能力，而且能够潜移默化地提升学生的艺术审美能力，完美地体现了艺术与技术的融合。

服装立体造型制板课程是鲁迅美术学院染织服装艺术设计学院的传统课程，体现了服装与服饰设计专业的历史性与传承性，曾获得 2006 年辽宁省精品课程、2007 年辽宁省教学成果三等奖、2018 年辽宁省教学成果一等奖、2020 年辽宁省教学成果二等奖、2020 年辽宁省一流本科课程等。自 2004 年至今，鲁迅美术学院染织服装艺术设计学院推荐了百余名优秀学生参加“中国大学生立体裁剪设计大赛”并屡获金、银、铜等奖项，有效地促进了服装立体裁剪制板技术的普及和推广。

“合抱之木，生于毫末；九层之台，起于累土；千里之行，始于足下。”（语出《道德经 · 第六十四章》）扎实的立体裁剪基础训练是精通服装立体造型制板技术的基石，几乎所有高技术难度的立体裁剪服装作品都是基础立体裁剪技术的转化。夯实基础、举一反三是服装立体造型制板课程的重要目标。

本书力求体现鲁迅美术学院染织服装艺术设计学院专业特色定位与人才培养目标，即艺术与技术相结合、服装艺术设计与服装工程技术相结合。学生通过本书的学习和相关实践，可以培养自身的服装立体造型制板能力，为日后的服装设计生涯打下坚实的造型能力基础。

编　者
2021 年 12 月

目录

CONTENTS

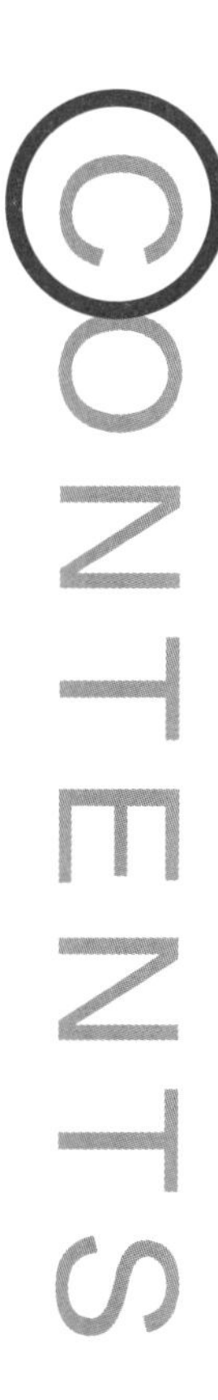
CONTENTS

导 读

INTRODUCTION

服装立体造型制板是服装与服饰设计专业的重点课程。根据专业的教学特点，本书内容分为两个部分：第一章至第六章为第一部分；第七章至第十二章为第二部分。

第一部分对应的课程内容开设在服装与服饰设计专业本科一年级，侧重立体裁剪基础能力及服装整体概念的培养，旨在使学生在正式接触服装制板、裁剪等专业课程之前，能够对面料与人体之间的关系有一个初步的了解，能够掌握省道的构成原理，在头脑中形成服装与人体的三维立体概念。通过第一部分的学习，学生可为后续服装与服饰设计专业课程的推进打好坚实的基础，特别是对于平面制板、裁剪中的数字、公式等模糊概念能有一个清晰的、立体化的理解，有利于建立服装空间、比例等感觉习惯的培养。

第二部分对应的课程内容开设在服装与服饰设计专业本科二年级，学生具备一定的立体裁剪基础能力后，方可对立体裁剪技术进行更深层次的研究与实践。在第二部分，学生将学习到更多服装经典款式的立体裁剪打版技术，了解立体裁剪的工艺特色、工艺手段及具体的操作方法，亲手触摸面料并亲自感受面料在人体或人台上所呈现的自由状态、所需的“空间”、设计造型、服装的比例等。通过第二部分的学习，学生需要重点掌握立体裁剪技术与技巧，通过解析世界服装大师的设计作品（高级成衣），对立体裁剪技术在服装上的具体应用进行大量的训练，来开阔自己的裁剪设计视野，树立起一个牢固的空间立体观念，掌握服装与人体之间具有的各种空间形态。

服装立体造型制板课程讲解已不单纯地要求学生掌握技术技巧，也为学生提供了更大的艺术创作空间。学生可以像进行艺术创作一样，用各种不同材质的面料，在人台上进行立体空间造型设计。这也可称为服装展台上的“软雕塑”，可以充分发挥学生的设计潜力，有助于他们创作出最好的作品。

第一部分〇

CHAPTER ONE

第一章
立体裁剪的发展历程

第一节　服装的演变历程
第二节　立体裁剪与平面裁剪的关系

第一节　服装的演变历程

立体裁剪是将面料覆合在人体或人体模型上，一边裁剪一边造型的设计表现方法。立体裁剪最终将处理好的立体造型拓成平面纸样进行服装制作，它也是由立体到平面、再到立体的表现方法。

立体裁剪有着深远的历史背景。早在原始社会时期，人类就将兽皮、植物叶皮等披挂在人体上，加以简易的剪切与缝制，并用兽骨、皮条、树藤等材料进行固定形成服装。这便是最原始的立体裁剪。随着人类社会的发展，棉、麻等纤维被发现并制成布料，立体裁剪技术也随之演变、丰富起来。

在古埃及、古罗马、古希腊时期，出现了披挂缠绕式服装，即用一块很长的布料，将身体前后缠绕起来，从而出现不规则的褶皱、波浪、垂褶等造型，可边缠绕边调整褶皱、波浪的数量。例如，古埃及的卡拉西里斯、古罗马的托加、古希腊的希玛纯等，都是披挂缠绕式服装。披挂缠绕式服装的持续时间很长，时至今日，印度的纱丽还保持着披挂缠绕式服装的特点。

在中世纪时期，受基督教文化的影响，服装经“罗马式时期”和“哥特式时期”的过渡，最后落脚到以日耳曼人为代表的窄衣文化。从此，西洋服装脱离了古代服装的平面性的单纯结构，与东方服装继续在服装表面装饰上追求变化形成鲜明对比，进入了追求三维空间的立体构成时代。

在巴洛克、洛可可时期，服装更加强调服装的三维立体空间。服装造型的主要特点是突出胸部、收紧腰部、蓬松的裙身，更加强调三围差别和服装的立体效果。服装在制作时，更多地采用立体裁剪技术，立体裁剪在这一时期得到了更多的继承与发展。

而在东方的中国，受儒家、道家哲学思想的支配，服饰文化表现为含蓄的特征。东方宇宙观强调“天人合一”，追求“意象”，因而在服装造型上表现为一种抽象的空间形式。我国及周边国家的服装基本上都是以平面结构的衣片构成平面形态的服装，结构上偏向平面裁剪技术，但在确定服装样态的最初必定是以立体的人体为制定依据的。

第二节　立体裁剪与平面裁剪的关系

立体裁剪与平面裁剪是相辅相成、互相渗透的关系。平面裁剪是实践经验总结后的升华，具有很强的理论性与实践性。平面裁剪的公式较为固定，比例分配相对合理，具有广泛的可操作性。由于其可操作性，平面裁剪对于一些成衣生产，如西装、衬衫、职业装等大批量成衣生产等而言，是提高生产效率的有效方式。

立体裁剪则是以人台或人体为对象，用布料直接在对象上操作，是具象的操作过程。立体裁剪的造型更加直观、准确，能够使服装的成型效果立竿见影。相较于需要丰富实践经验的平面裁剪，在处理一些因实践经验不足而把握不准确的服装结构时，立体裁剪往往显得优势十足。

立体裁剪的整个操作过程实际上是二次设计的过程，是美感体验的过程，更有助于设计的完善；在直接对布料进行操作的过程中，设计师对布料的性能有更强的感受，在造型的表达上更加多样化。许多富有创意性的服装造型都是运用立体裁剪技术来实现的。

立体裁剪的最终目的是先得到平面的板型，再利用平面板型及平面推档技术进行服装的生产。而平面裁剪更需要立体裁剪的优势，如通过样衣的试穿补正来对平面裁剪的计算公式及比例分配方法逐渐进行调整与优化。

CHAPTER TWO

第二章
立体裁剪的准备工作

第一节 人台的选择

人台是人体的替代品，是立体裁剪制作的主要工具。立体裁剪用人台主要为裸身人台与工业人台。裸身人台更接近人类裸体，胸、腹、臀形体突出，更适合礼服制作；工业人台是加入了放松量的人台，胸、腹、臀形体较裸身人台不突出，更适合成衣的制作。裸身人台与工业人台的对比如图 2.1 所示。

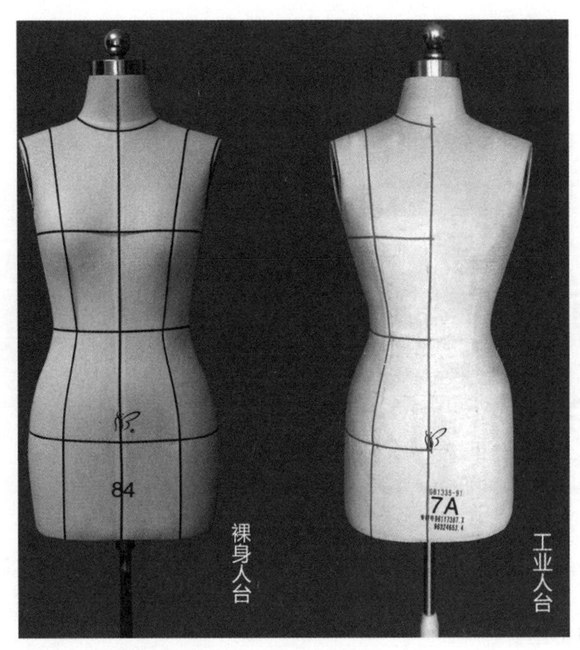

图 2.1 裸身人台与工业人台的对比

第二节 立体裁剪的工具

在立体裁剪制板过程中，需要准备专业的裁剪制板工具，如图 2.2 所示。

【立体裁剪的准备工作——工具介绍】

图 2.2 中标号对应的工具介绍如下。

① 熨斗：整熨胚布及制作成衣时使用。

② 剪刀：根据使用者手的大小选择适合的型号，不宜选用太大号，因为要常常举起在人台上裁剪布料，故合手、轻便的剪刀更佳。

③ 纱剪：缝制服装修剪线头时使用。

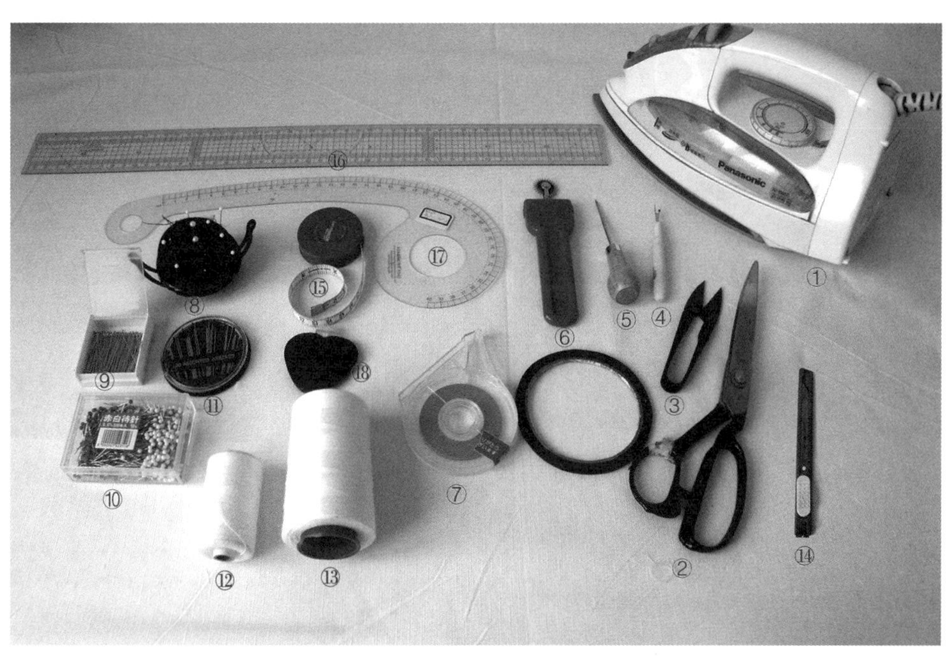

图 2.2　立体裁剪制板需准备的工具

④ 拆线器：缝纫错误时拆线使用。

⑤ 锥子：缝制服装时使用，可用来辅助缝纫、翻折整理边角或在面料上做记号等。

⑥ 滚轮：拓板型时使用。

⑦ 立体裁剪纸质标志带：给人台标线及在板型上标画款式轮廓线时使用。最好使用纸质立体裁剪胶带，因为纸质立体裁剪胶带宽 0.3cm 或 0.2cm，可标画弧度线，黏度好。

⑧ 针包：用于插大头针，可戴在手腕上，便于立体裁剪操作。

⑨ 大头针：选用 0.5mm 光滑、锋利的细长大头针，用于布料别合不易出褶。

⑩ 彩头针：大头针针头为彩色圆珠，做标记及缝制时使用。

⑪ 手缝针：手缝时使用。

⑫ 棉线：临时固定、缝合时使用。

⑬ 缝纫线：缝制时使用。

⑭ 美工刀：裁切纸样时使用。

⑮ 软尺：测量人体尺寸时使用。

⑯ 透明长直尺：内有刻度，画直线及平行线时使用。

⑰ 逗号尺：用来画弧线。

⑱ 画粉：在布料上画线时使用。

此外，可用工具箱或工具袋来盛装以上工具。

第三节　胚布的选择与整熨

一、胚布的选择

【胚布介绍及大头针的别法】

立体裁剪操作所使用的面料一般为白胚布，即平纹纯棉布。白胚布价格低廉、耐高温熨烫、易缝制塑形，是立体裁剪的必备面料。根据组织的密度、厚度不同，白胚布有很多种类，可根据服装的设计要求进行选择。另外，对于一些特殊面料如绸缎、纱等材质的服装，胚布不能表达其面料特性，为追求样衣板型的准确，可选用实际面料或与实际面料质感相似的低廉面料进行立体裁剪制板操作。

二、胚布的整熨

【胚布的整熨】

胚布的整熨是立体裁剪基础操作中最重要的步骤，也是最容易被忽视的步骤。立体裁剪白胚布是平纹组织织布，由经纱和纬纱垂直交叉织成。但由于织布机力度及后期处理的多种因素，白胚布在整熨之前经纱与纬纱一般并不绝对垂直，会出现不同程度的倾斜。这就需要在制作之前，用熨斗将胚布的经纱和纬纱纱向调整垂直后再进行立体裁剪操作。胚布经纬纱向的垂直是得到完美立体裁剪板型的首要前提，而很多学生往往不重视胚布的整熨，草草了事，熨平即可，忽视对纱向的调整，导致制作出的板型出现各种问题。

需要注意的是，由于我国售卖的白胚布经过挂浆处理，所以在整熨时熨斗不要加蒸汽，也不能往胚布上喷水，否则容易出现胚布变硬的现象，影响制作效果。

图 2.3　胚布的划丝

三、胚布的划丝

为了保证板型制作的准确性，需要在整熨好的胚布上（布料的经纬纱向必须整熨垂直）进行划丝，即在胚布上找到经纱与纬纱的基础线。划丝时，可用大头针的尖端，顺着纱向与纱向之间的空隙滑动，并用笔将基础线画出。基础纱向划出后，要确认是否划在一条纱向空隙上，不要窜动。图 2.3 所示是一块划好纱向的胚布，划丝也是做好立体裁剪的必要基本功，需要反复练习才能划出准确的纱向。

【思考与实践】

（1）熨好 9 块尺寸为 55cm × 35cm 的布料。

（2）在一块熨好的布上进行拉划丝练习。

第四节　人台标线

人台标线，即用纸质胶带将人体的基础结构线在人台上标画出来。准确的人体基础结构线是人体体块划分的重要依据，是服装制板的基本骨架，如图 2.4 所示。

【人台标线】

用纸质标志带在人台上标出基础线。坯布上划丝的基础线要与人台标线对合，这样才能保证立体裁剪制板的准确性。人台标线是制作出准确样板的首要条件，要仔细标画、反复确定，绝不能马虎。

在标线时，要确保人台与地面垂直。所需标线有前中心线（CF）、后中心线（CB）、胸围线（BL）、腰围线（WL）、臀围线（HL）、颈围线、袖窿线、肩线、肋线（侧缝线）、前公主线、后公主线、横背宽线。

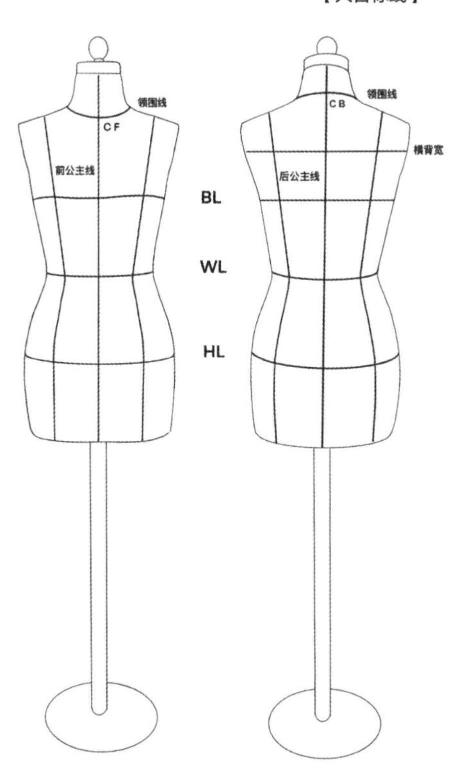

图 2.4　人台基础标线示意图

一、前中心线（CF）（图 2.5）

在前颈点处拉标志带（胶带），并在标志带底端系一重物（可用纱剪充当重物），胶带自然垂直地面，待稳定后贴附在人台上。

二、后中心线（CB）（图 2.6）

在后颈点（第七颈椎点）处拉标志带，同样在标志带底端系一重物，待胶带稳定自然垂直地面后贴附在人台上。

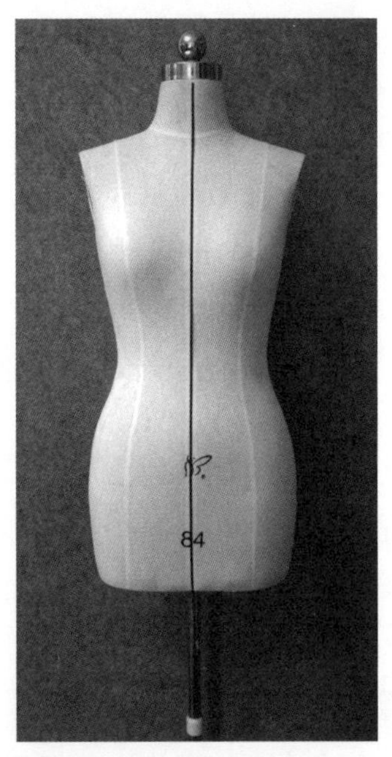

图 2.5　前中心线（CF）

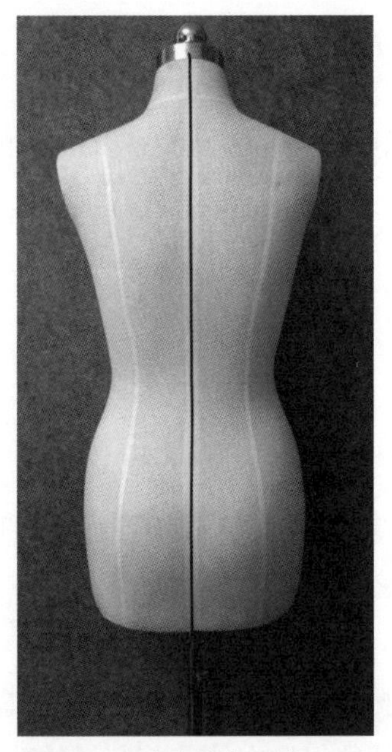

图 2.6　后中心线（CB）

三、胸围线（BL）（图 2.7）

标志带通过 BP 点（胸部最高点）和地面保持平行与前后中心线垂直，水平一周的线。标线时，边贴标志带边慢慢转动人台。

四、腰围线（WL）（图 2.8）

腰围线在腰部最细处，和地面、胸围线保持平行，与前后中心线垂直，水平一周的线。

五、臀围线（HL）（图 2.9）

从腰围线向下量 18cm，和地面、胸围线、腰围线保持平行，与前后中心线垂直，水平一周的线。

六、颈围线（图 2.10）

劲围线在脖根部，后颈点处与后中心线保持 2 ～ 2.5cm 垂直，沿脖根部顺势贴一周的线，与前中心也保持垂直。

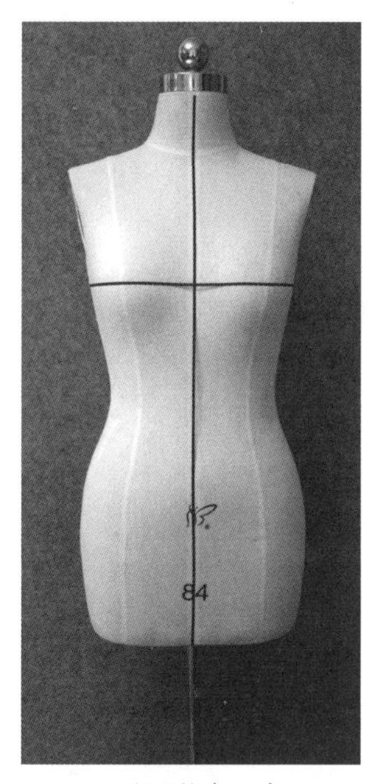

图 2.7　胸围线（BL）

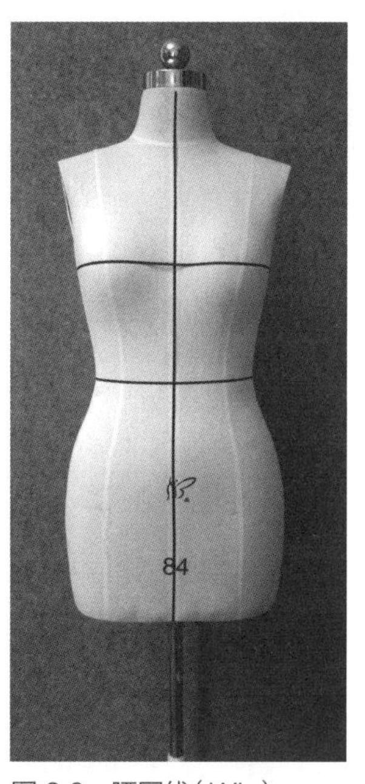

图 2.8　腰围线（WL）

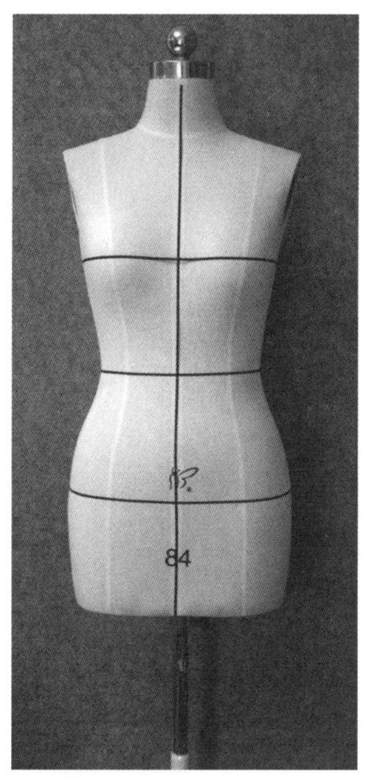

图 2.9　臀围线（HL）

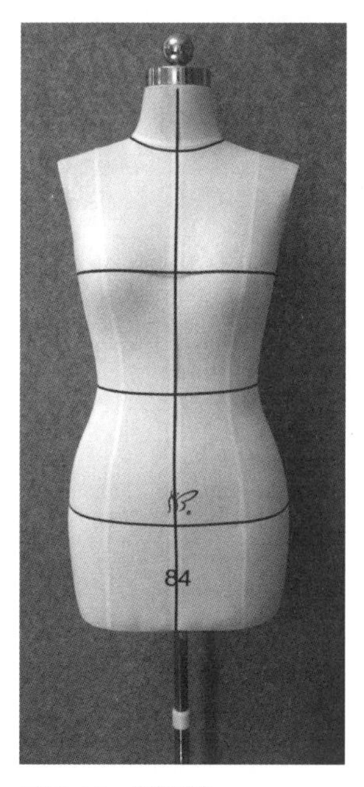

图 2.10　颈围线

七、袖窿线（图 2.11）

袖窿线为围手臂根部一圈的线。前腋点到袖窿底的线段稍微弧些，后腋点到袖窿底的弧线比前面稍微直些。

八、肩线（图 2.12）

从人台侧面看，脖子的二分之一处（可向后窜动 0.5cm）与肩部的二分之一处（可向后窜动 0.5cm），两点之间连线为肩线。

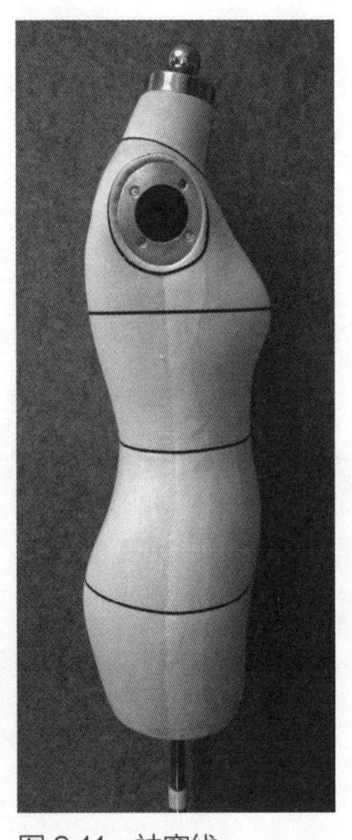

图 2.11 袖窿线

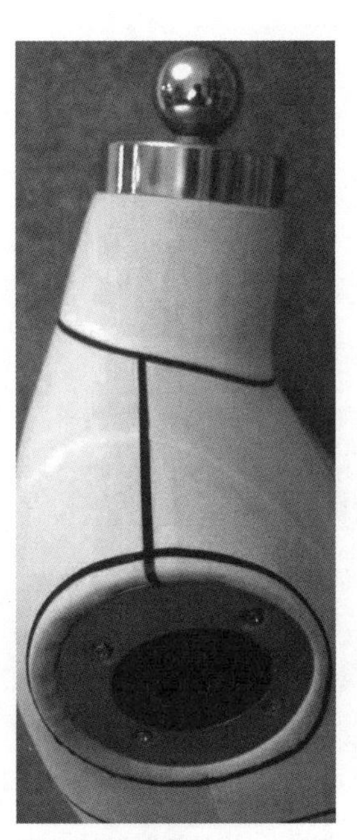

图 2.12 肩线

九、肋线（侧缝线）（图 2.13）

从人台侧面看，在胸围线、腰围线、臀围线二分之一处向后窜动 0.7 ～ 1cm 的连线。腰围线与臀围线之间的侧缝线可向后有一些弧度（顺应人体胯部弧度）。从臀围线向下的侧缝线必须与地面保持垂直。

十、前公主线（图 2.14）

侧颈点到肩点二分之一处开始，通过 BP 点（胸部最高点）后，顺延至腰围线和臀围线，腰围线至臀围线处线段应顺人体胯部向外有一些弧度，臀围线以下线段与地面保持垂直。

十一、后公主线（图 2.15）

后公主线接上前公主线，经过肩胛骨顺延至腰围线和臀围线，腰围线和臀围线线段顺应人体胯部呈向外的弧形，臀围线以下线段与地面保持垂直。

十二、横背宽线（图 2.16）

后颈点至胸围线二分之一处与后中心线垂直，与胸围线、腰围线、臀围线平行的线段。

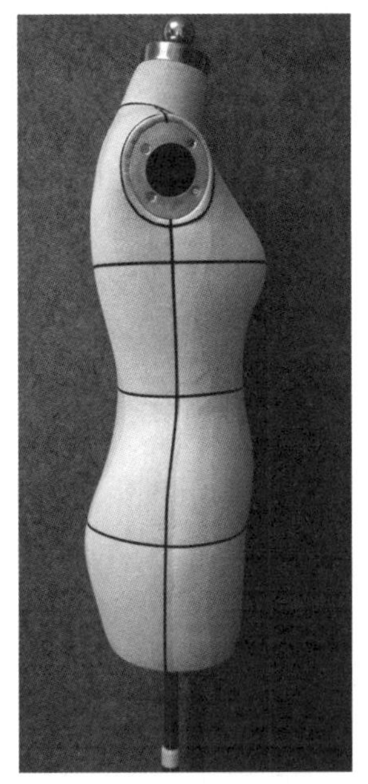
图 2.13　侧缝线

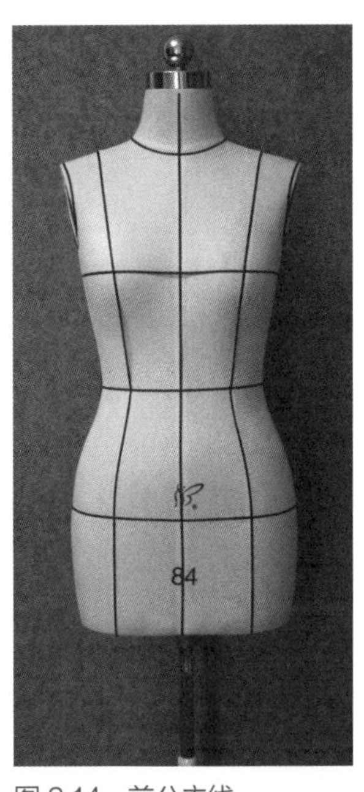

图 2.14　前公主线

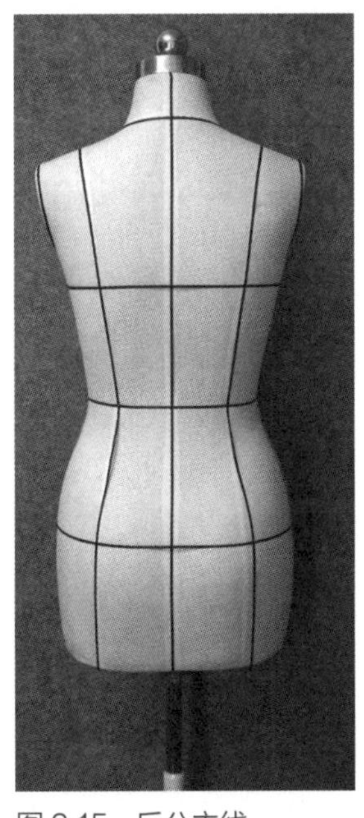
图 2.15　后公主线

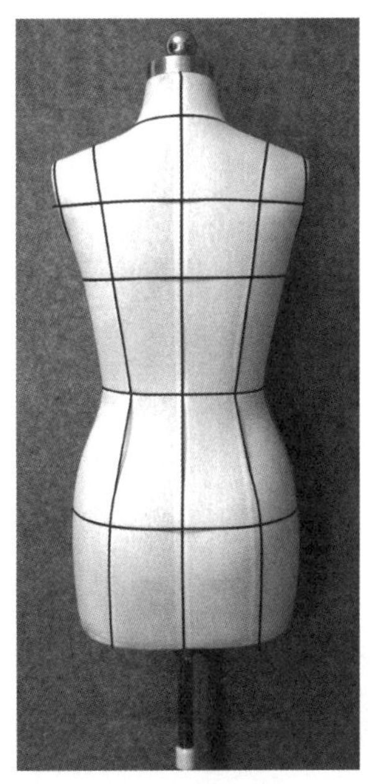
图 2.16　横背宽线

【思考与实践】

根据课堂讲述、示范，将人台准确地标出基础线。反复校验，保证标线的准确性。

第五节　大头针的别法

立体裁剪时，大头针的别法非常重要。正确的针法可以使立体裁剪操作更加方便、进展更加顺利，并且能够得到更加优美、顺畅的服装造型。

一、固定针法

固定针法即固定前、后中心等处的针法。在同一点，用两根大头针斜向刺入固定。注意，两根大头针需刺入同一针眼，不能分离，否则面料固定不住，易窜位，如图 2.17 所示。

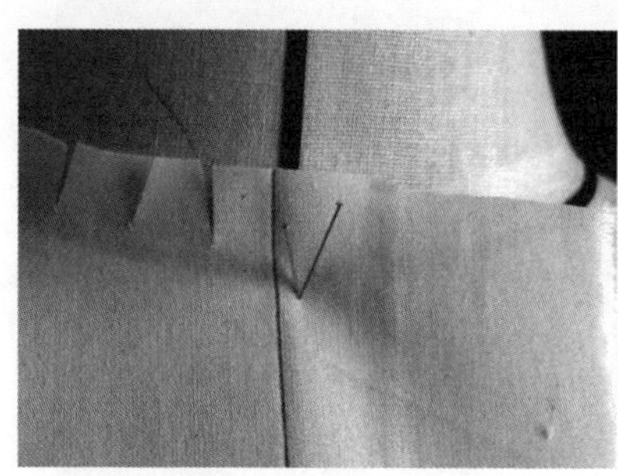

正确

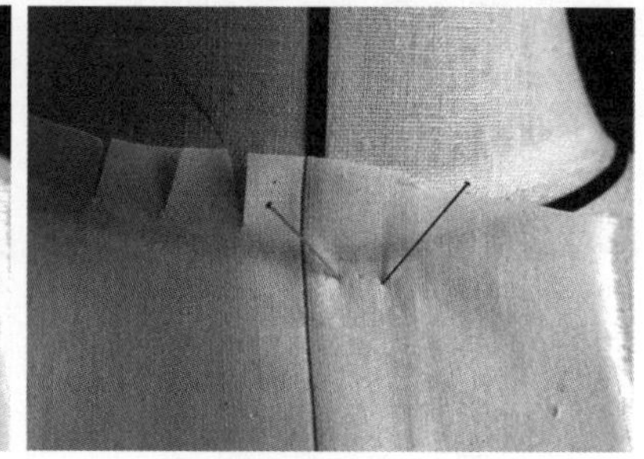

错误

图 2.17　固定针法的正误比较

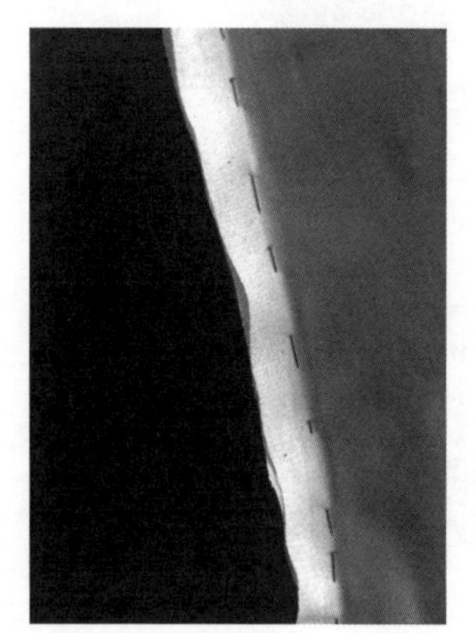

图 2.18　抓别针法

二、抓别针法

抓别针法即用大头针固定布与布之间的抓合，大头针别合处即为完成线，如图 2.18 所示。此针法操作方便、准确，在立体裁剪操作初期常常使用。

三、折叠针法

将一片布折叠压在另一片布上时，使用折叠针法固定。折叠线即为完成线。立体裁剪作品趋于完成时，各缝合线可使用折叠针法。采用此针法操作的作品造型优美、完整、顺畅。折叠针法的正误比较如图 2.19 所示。

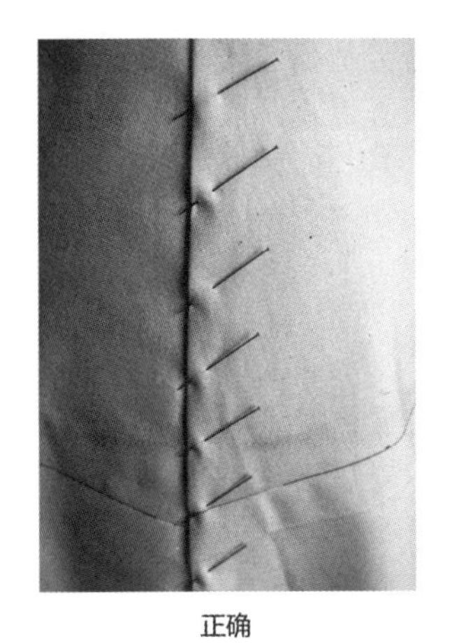

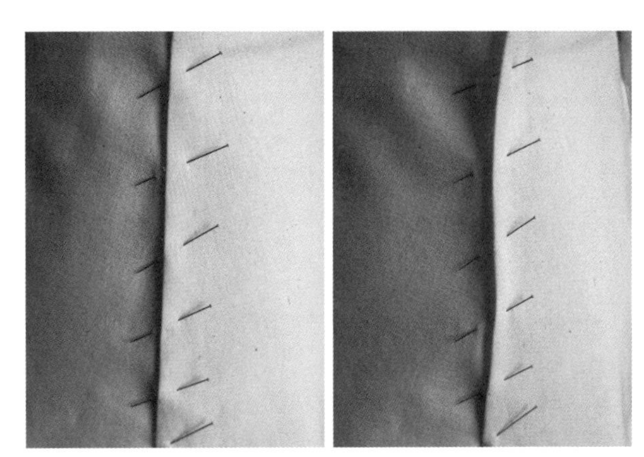

图 2.19　折叠针法的正误比较

四、裙子底摆的针法（图 2.20）

别合裙子底摆时，大头针应顺应面料丝缕纵向别合，不能横向别合。若底摆处运用横向针法，会影响底摆的顺畅性，裙摆会翘起。

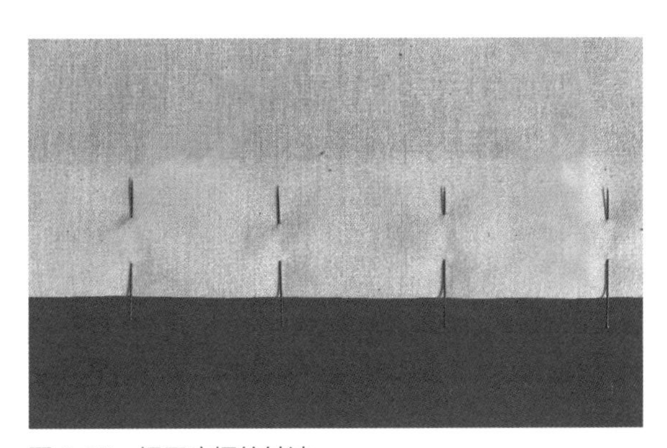

图 2.20　裙子底摆的针法

【思考与实践】

准备两块整熨好的胚布，反复练习大头针的 4 种别法。

CHAPTER THREE

第三章
上衣原型的制作

第一节　省道的构成原理

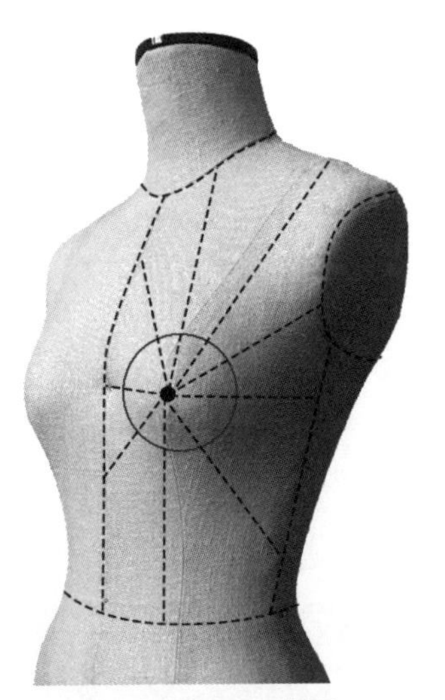

图 3.1　省道原理示意图

省是服装制作中对余量部分的一种处理形式，其产生部位多在胸腰、臀腰、肩、肘等处。省道的构成原理充分体现了一个凸点射线的原理，即将人体的各个凸点看成一个个不规则的球体，由该球体的凸点所引发出的无数条射线便是服装结构线构成的基础，如胸凸、臀凸、腹凸、肩凸、肩胛凸、肘凸等。由于女性的胸部结构较为突出，与临近的其他部位形成了极大的落差，所以在女装设计中常常以胸高点为结构设计的核心。根据凸点射线的原理，将胸高的乳突作为圆心凸点，以它为中心引发无数条射线（该射线同时也是结构线与省道线），这些射线便是常见的胸省，如胸腰省、肩省、腋下省、领口省、袖窿省、前中心省等。人台上以胸部 BP 点为圆心可以发射出无数条省道，如图 3.1 所示。

【省道的构成原理】

【思考与实践】

准备一张直径为 8cm 的圆形纸片，尝试将圆形纸片变成圆锥体，通过此变化过程来理解省道的构成原理。

第二节　什么是箱型结构

箱型结构，是立体裁剪的重难点所在。任何造型优美、品质高档的外套都不是紧紧地贴在人体上不留一点空隙的，而是要有“型”，松紧得体。这就需要面料与人体之间存在一定的空间关系，而此空间也因人体的特点、服装款式的特点而具有一定的形态。

人体是三维立体的，不是二维平面的，在人体正面与侧面间（肋骨处），有一条转折线，此处即为箱型结构处。也可以将人体理解成一个箱子的形状，连接箱子正面与侧面的棱线处即为箱型结构处。在画素描时，常常是明暗交界线的位置。箱型结构的剖析示意图如图 3.2 所示。

此处转折线的位置，是立体裁剪上衣制板中最为重要之处。箱型结构处理的好坏，直接决定了作品板型的好坏。此处的面料绝不能与人体紧贴，要有空间余量，最后无论从人体正面、侧面还是背面来看，都要形成箱型。这在立裁制板中较难把握，需要反复练习。

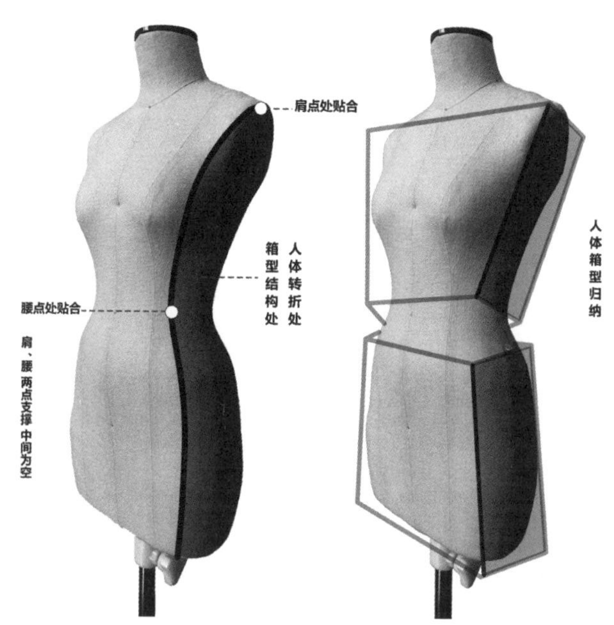

图 3.2　箱型结构的剖析示意图

第三节　上衣原型的制作方法

上衣原型是平面制板中所有上装制板的基础，是简朴不带任何款式变化且最基本的服装部件构成的服装基础型。用立体裁剪方法制作女上衣原型，有利于对服装结构的了解，更有利于对平面制板课程的理解。

下面将介绍两种上衣原型的制作方法——旧文化式原型与新文化式原型，如图3.3所示。

日本文化服装学院创立者并木伊三郎于 1930 年发明了第一代文化式女装原型。经过九十多年的发展，文化式原型随着日本人体体型特征的变化已发展了八代。我国使用的文化式原型有第七代和第八代两种，即旧文化式原型和新文化式原型。

新文化式原型在省量的分配方法、衣长的前后差等方面做了修改，更适合人体机能性及平面制板操作。而旧文化式原型较新文化式原型造型简练，前衣身处只收腰省，后衣身处收后肩省和腰省，在立体裁剪时更适合初学者理解和操作。故在上衣原型部分，将分别讲述旧文化式原型和新文化式原型。

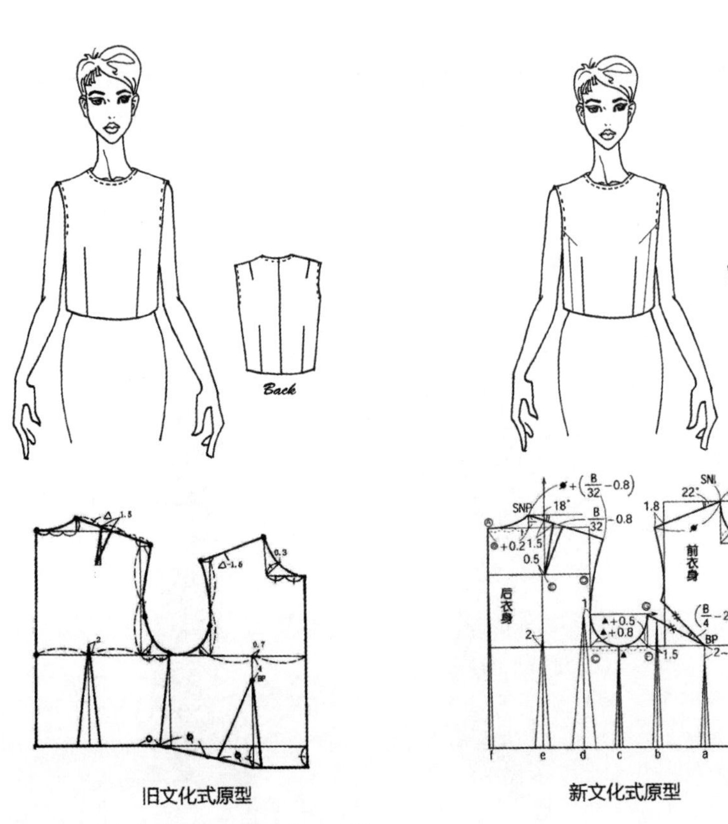

图 3.3　旧文化式原型与新文化式原型

一、旧文化式原型

1.学习要点

学习目的：理解省道的原理，理解胸腰的差量，理解人体必要部位的松度。

制作重点：腰省的制作，箱型结构的空间形态。

制作难点：服装各部位松度的保留，箱型结构的保持。

旧文化式原型的款式特点如图 3.4 所示。

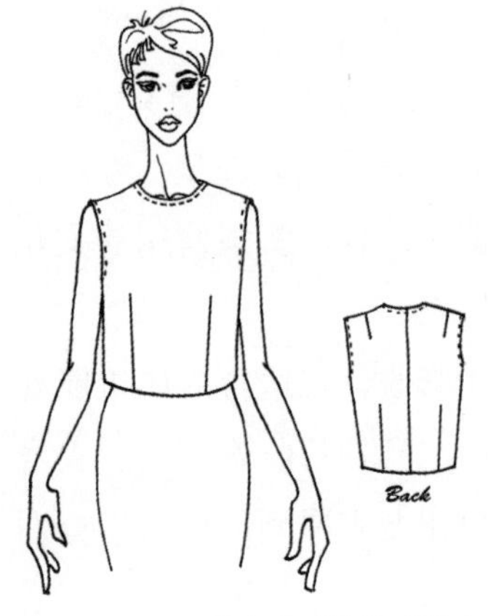

图 3.4　旧文化式原型的款式特点

2.制作方法

（1）胚布的准备。

根据所做服装的大小，估算胚布的使用量（可用软尺进行估算）。

前片用量：长度（经纱方向），用软尺从人台脖颈顶部延前中心线顺延至腰围线向下 4 ～ 5cm 量取胚布长度。宽度（纬纱方向），从人台上半身最宽处即胸围线处，过前中心线5cm，顺胸围线量至侧缝线，过侧缝线5cm量取胚布宽度。前片尺寸为 50cm（经纱方向）× 35cm（纬纱方向），后片尺寸为 50cm（经纱方向）× 32cm（纬纱方向）。立体裁剪所做的大部分服装板型都取面料的经纱方向为服装的纵向，与地面垂直，这样做出的服装更顺畅、笔挺。

后片用量同前片用量一致。

旧文化式原型的胚布准备如图 3.5 所示。

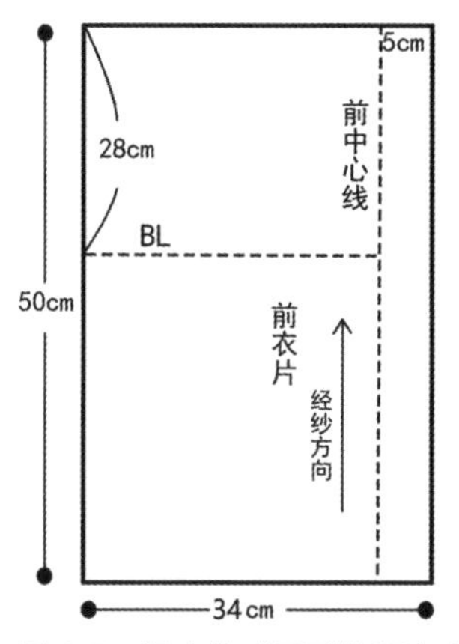

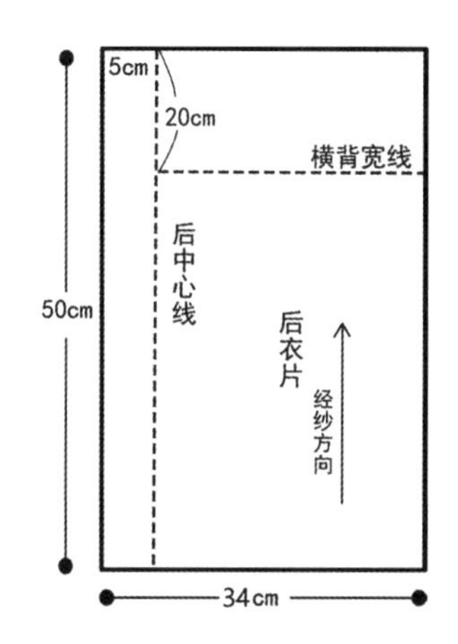

图 3.5　旧文化式原型的胚布准备

估算好面料用量后，在胚布上根据尺寸打剪口并用手撕裁面料。注意，绝对不可用剪刀裁剪，因为要保证面料纱向的准确性，故用手撕开面料可以保证面料的边缘在一条纱向上。

整熨撕扯后的胚布，用熨斗及手的抻拽将经纬纱向调整垂直。注意，整熨时熨斗不要喷水，以防面料上浆变硬。

面料整熨完毕后，分别在前片胚布上用大头针划出前中心线（经纱）及胸围线（纬纱）的基础线，在后片胚布上标出后中心线（经纱）及横背宽线（纬纱）基础线，并用笔标出。

（2）制作前衣片。

① 将胚布前片的前中心线、胸围线与人台的前中心线、胸围线重合，在前颈点、腰围线与前中心线结合点处别对针固定并将布料理顺（图 3.6）。

【旧文化式原型的制作——前衣片】

② 将颈围线上的布料翻下来，在前颈点上开剪，剪刀尖抵住颈围线，延颈围线打发散型剪口，剪口距颈围线 0.5cm。此时，脖颈处面料通过剪口的分散已与脖颈服帖（图 3.7）。

③ 在 BP 点处，先留 1cm 松度，用大头针对别固定。再将布向上推，在锁骨处留 0.2cm 的松度，并顺势在肩部别一针（图 3.8）。

④ 用手将袖窿、侧缝线处的布料顺人体形态轻轻塑形出箱型结构，此处的面料绝不能与人体紧贴，要有空间余量。从人体正面看，肩端点开始，顺延至胸侧，再至肋处，要有一条明显的空间造型。从侧面看，肩端点至胸侧也要有一条空间造型。最后，将袖窿与肩部多余的面料粗裁（图 3.9）。

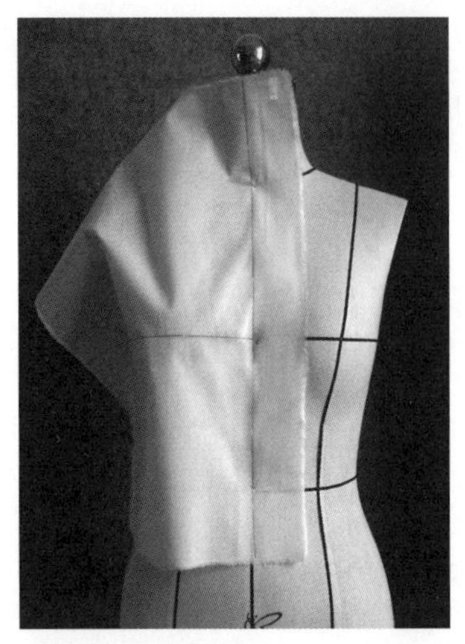

图 3.6 制作前衣片 1

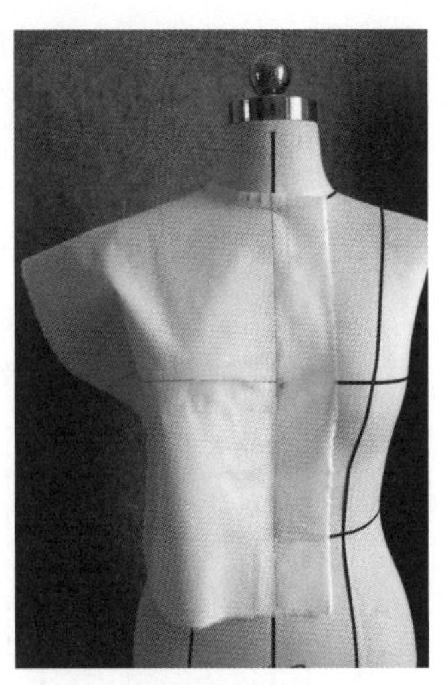

图 3.7 制作前衣片 2

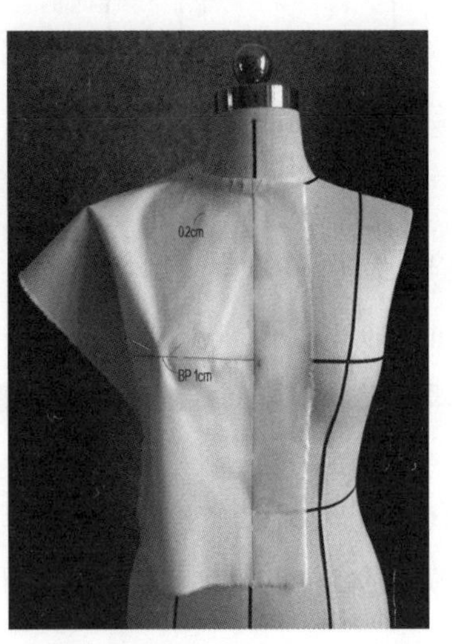

图 3.8 制作前衣片 3

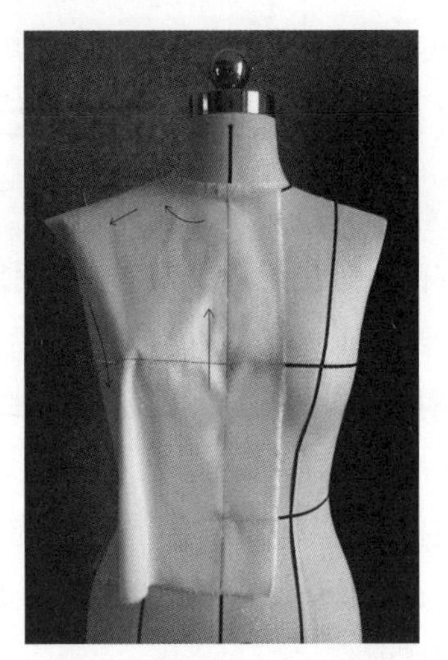

图 3.9 制作前衣片箱型结构

⑤ 将剩余的面料归拢到 BP 点下，调整前身的整体轮廓造型，将余量捏成腰省，位置在前公主线稍向后一些，并用大头针别好，BP 点向下 3 ～ 4cm 处挑一根布丝定省尖。别大头针时，要一针挨一针地首尾相连，别至省尖。别省时，要始终注意省道两边布料不能出横褶。为了使腰部面料合适，可以将腰围线下的面料打发散型剪口（图 3.10）。

（3）制作后衣片。

【旧文化式原型的制作——后衣片】

① 将胚布后片的后中心线、横背宽线与人台的后中心线、横背宽线重合，并在后颈点、腰围线与后中心线结合点处别对针固定（图 3.11）。

② 在横背宽线肩胛骨处留 1cm 松度，并在横背宽线的末端别一针，保证胚布的横背宽线在操作过程中始终与人台的横背宽线重合，与地面平行，保证横背宽线以下的布料始终与地面垂直（图 3.12）。

③ 粗裁后片颈围线，并同前片一样距颈围线 0.5cm 打分散型剪口，然后将面料顺势推在侧颈点处别一针固定。在保证面料与人台横背宽线重合的前提下，将横背宽线以上的面料余量推至肩线二分之一处，大致在后公主线处并在肩端点别一针固定面料（图 3.13）。

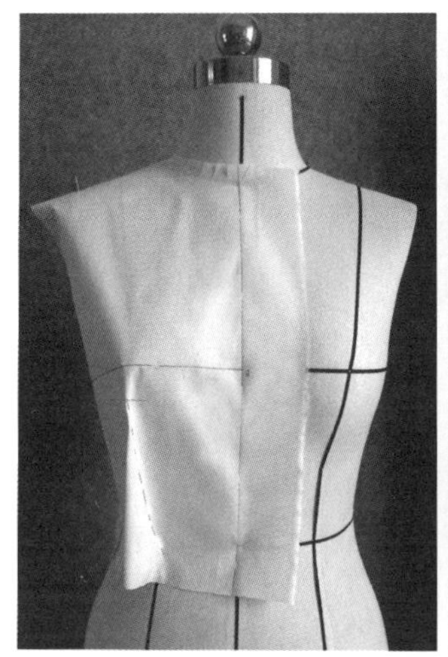
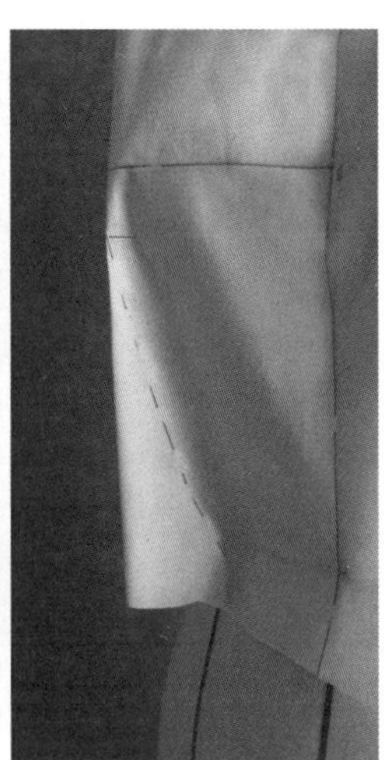

图 3.10　制作前腰省

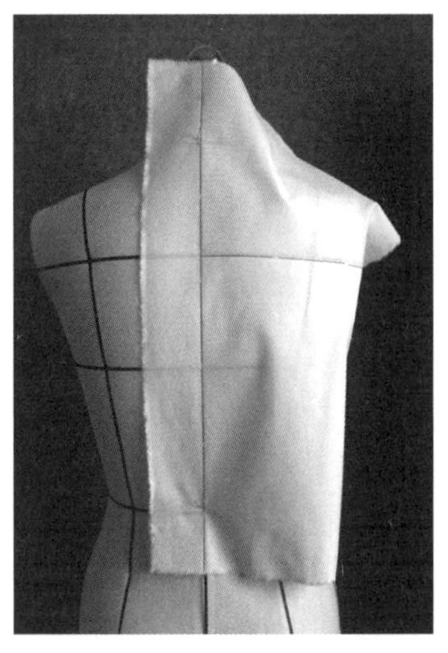

图 3.11　制作后衣片 1

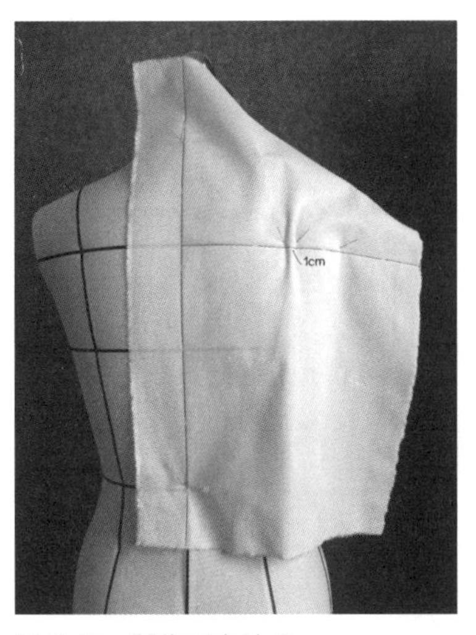

图 3.12　制作后衣片 2

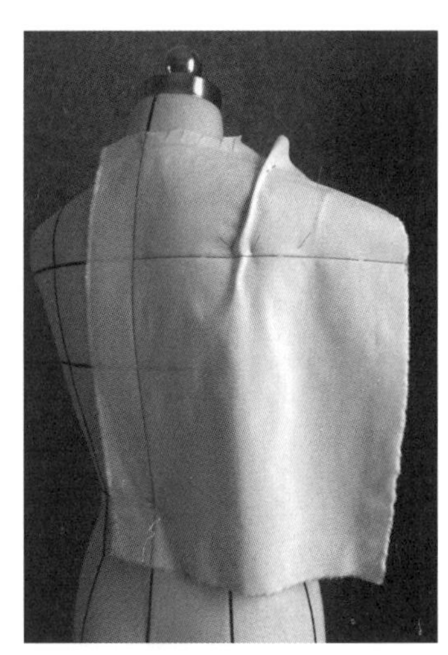

图 3.13　制作后肩省 1

④ 在后主线处将余量捏成肩省，从肩线降下 6 ～ 7cm 用大头针挑一根布丝定省尖，并用大头针别好后肩省（图 3.14）。

⑤ 用手将后腋点、侧缝线处的面料顺人体形态轻轻塑形，在侧面及侧腰围线处各别一针。多余的量调整成后腰省，并在腰围线处大致固定（图 3.15）。

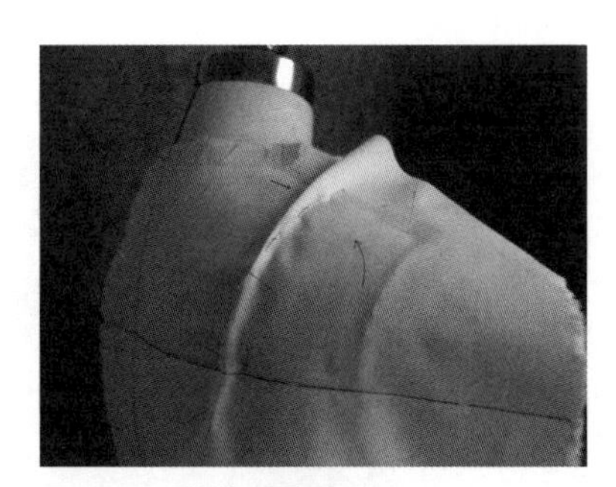
图 3.14　制作后肩省 2

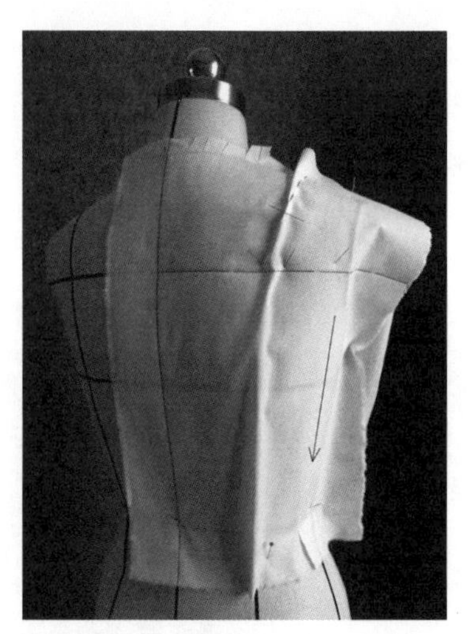
图 3.15　制作后腰省 1

⑥ 后腰省大致固定后，再将侧面的针打开，调整后箱型结构。从后腋点开始，顺延至肋侧到腰围线处要有一条明显的空间造型，中间是空的，这就是后箱型结构，腰围线处面料服帖（图 3.16）。

⑦ 别后腰省，位置在后公主线处，胸围线向上 2cm 处挑一根布丝定省尖，并用大头针固定别好（图 3.17）。

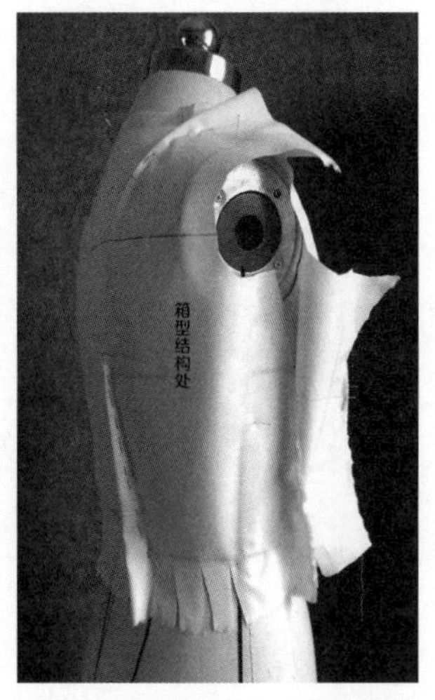

图 3.16　制作后衣片箱型结构

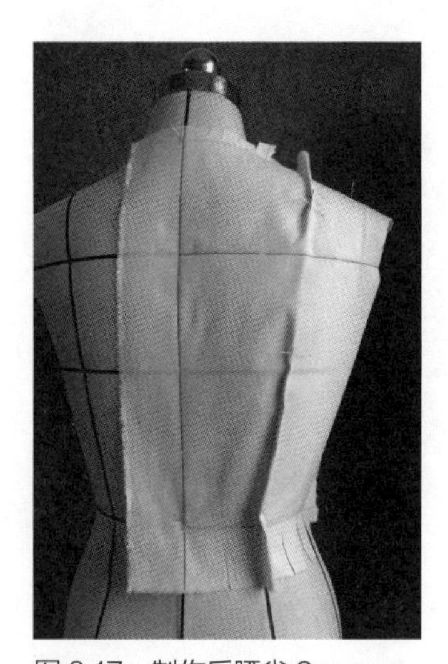
图 3.17　制作后腰省 2

（4）别合前后衣片。

① 将前后衣片肩部抓起用抓别针法别好，别时要将后肩省抓住一起别，然后用笔将前后衣片肩线画出，沿大头针别的轨迹画（图 3.18）。

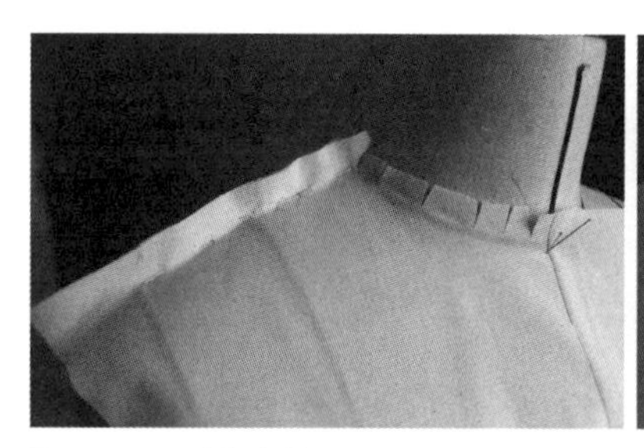
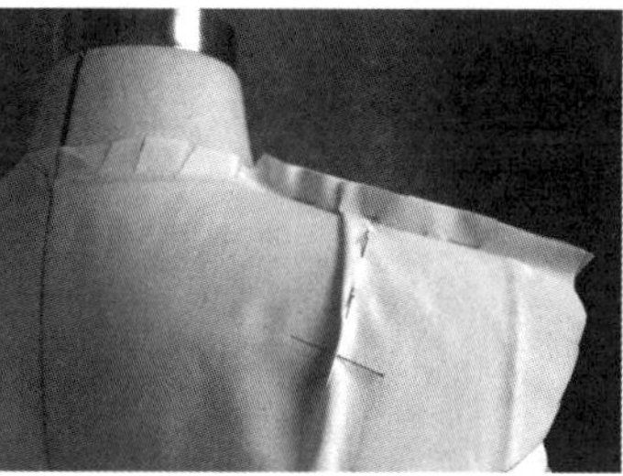

【旧文化式原型的制作——画线】

图 3.18 别合肩线

② 将前后侧缝线用抓别针法别好，别侧缝线时要注意保持住前后衣片的箱型结构造型。在侧缝线上加放松度，在侧缝线净份的基础上，胸围线加 1.5cm 放松度，腰围线加 0.7cm 放松度。用标志带将两点连线后用笔画出（图 3.19）。

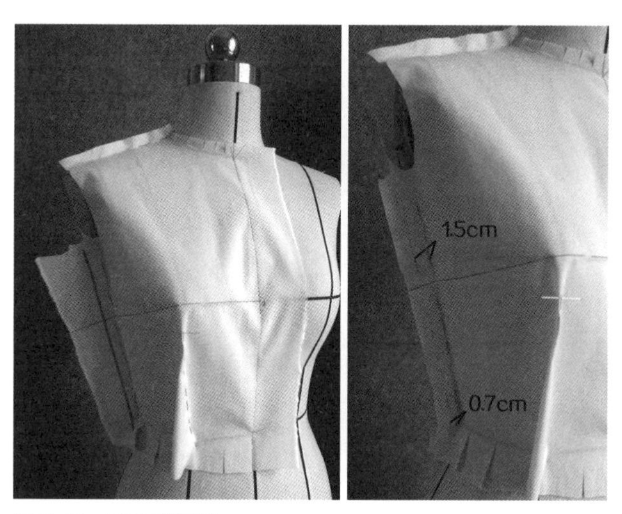

图 3.19 别合侧缝线

（5）完成，标线。

将肩线与侧缝线的抓别针法打开，然后将前片面料按标线折叠，用折叠针法别合肩线与侧缝线，要注意前片压住后片。用笔将衣片的所有结构线标线，完成制作。从人台的前面、背面、侧面观察服装是否合适，箱型结构是否明显，放松度是否加放（图 3.20）。

【旧文化式原型的制作——母板修正及拓板】

旧文化式原型的平面板型如图 3.21 所示。

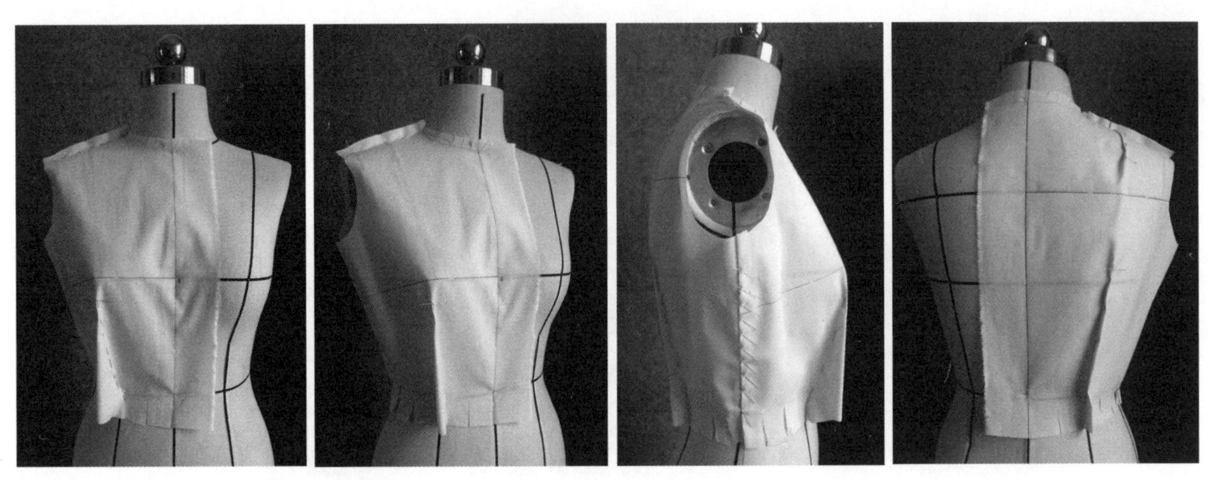

图 3.20　完成旧文化式原型的立体制板

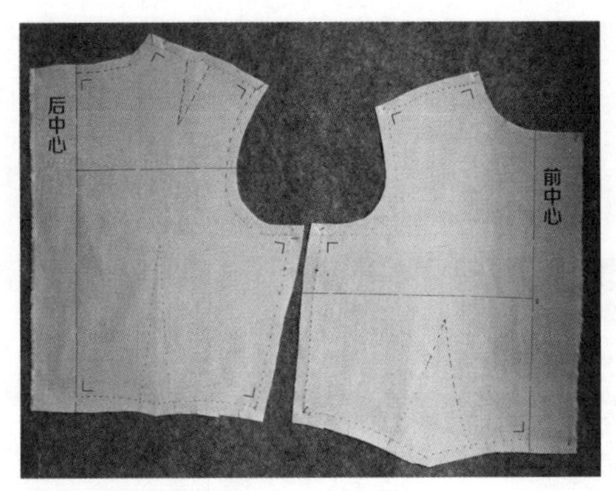

图 3.21　旧文化式原型的平面板型

【思考与实践】

学生根据教师的授课内容，进行旧文化式原型的立体裁剪操作技巧训练。

二、新文化式原型

1.学习要点

学习目的：理解新文化式原型中胸腰差量的分配方法，熟悉新文化式原型中省道的位置及作用。

制作重点：新文化式原型中省道的制作，箱型结构的空间形态。

制作难点：省道位置的确定，服装各部位松度的保留，箱型结构的保持。

新文化式原型的款式特点如图3.22所示。

图3.22　新文化式原型的款式特点

2.制作方法

（1）胚布的准备。

采用旧文化式原型上衣的面料估算方法估算面料，尺寸与旧文化式原型上衣一致。对撕扯下的备布进行整熨，调整纱向，在布上划丝并画出基础线（参见图3.5）。

（2）制作前衣片。

① 将胚布前片的前中心线、胸围线与人台的前中心线、胸围线重合，在前颈点、腰围线与前中心线结合点处别对针固定并将布料理顺。在BP点处，留1cm松度，用大头针对别固定（图3.23）。

② 将颈围线上的布料翻下来，在前颈点上开剪，剪刀尖抵住颈围线，延颈围线打发散型剪口，剪口距颈围线0.5cm。此时，脖颈处面料通过剪口的分散已与脖颈服帖。锁骨处留0.2cm松度，并捋顺布料，顺势在肩部别一针（图3.24）。

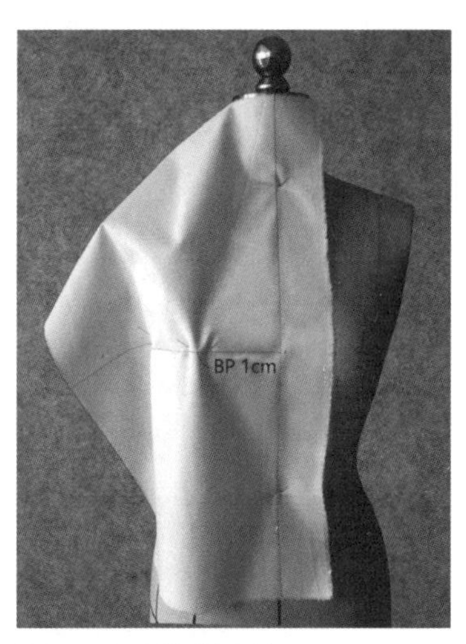

图3.23　制作前衣片1

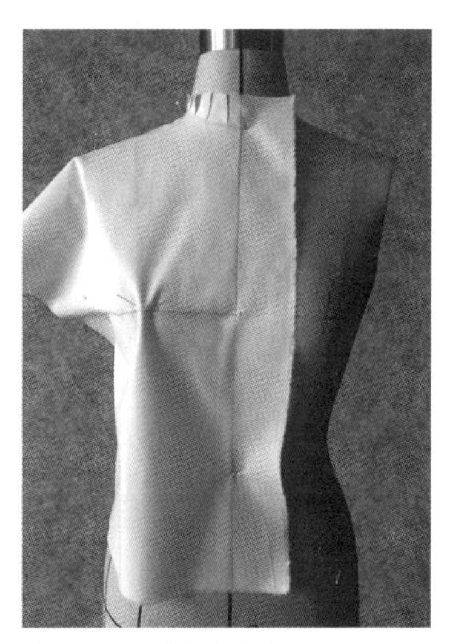

图3.24　制作前衣片2

③ 用手将袖窿、侧缝线处的布料顺人体形态轻轻塑形出箱型结构，此处的面料绝不能与人体紧贴，要有空间余量。从人体正面看，以肩端点开始，顺延至胸侧，至肋处，要有一条明显的空间造型。从人体侧面看，肩端点至胸侧也要有一条空间造型。在上部分的箱型结构下，将胸围线以上的余量转移在袖窿线处，捏出一条袖窿省，省尖距离BP点3cm，用大头针将袖窿省别出，别省时要始终注意省道两边布料不能出横褶。此处要注意袖窿省的位置尽量在箱型结构下，不要破坏箱型结构。在制作过程中，胚布胸围线与人台胸围线

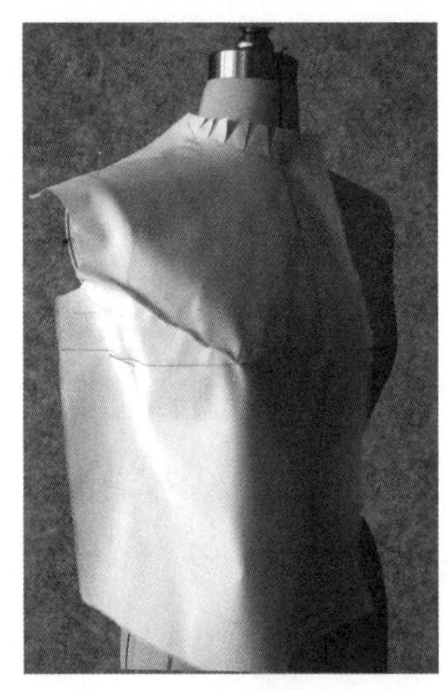
图 3.25　制作前衣片 3

始终重合。最后，将袖窿与肩部多余的面料粗裁（图 3.25）。

④ 胸围线以下布料顺人台捋顺，并将余量大致分为两个部分，初步固定在 BP 点下方和前公主线至侧缝线二分之一处（图 3.26、图 3.27）。

⑤ 在 BP 点下方至腰围线处捏取第一条省，省尖距离 BP 点 3 ～ 4cm，省道落在腰围线上，用大头针将省道一针针别出，注意布纹一定要顺，省道不要扭曲。为了使腰部面料合适，可以将腰围线下的面料打发散型剪口（图 3.28）。

⑥ 在前公主线至侧缝线之间捏取第二条省，省尖抵至袖窿省处，省道落在腰围线处。用大头针一针针将省道别出，注意省道两边布料顺畅，不能出褶（图 3.29）。

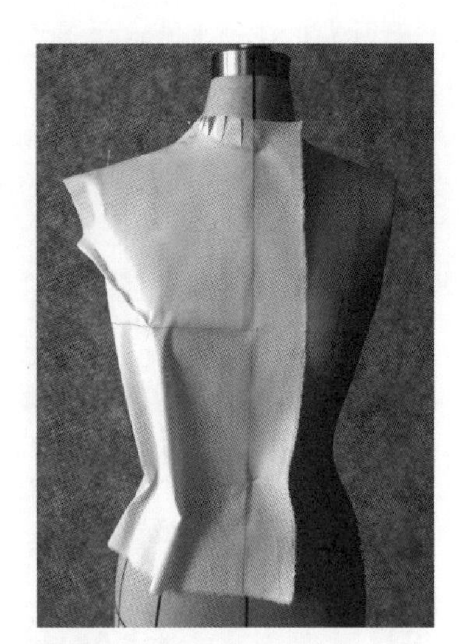
图 3.26　制作前衣片 4

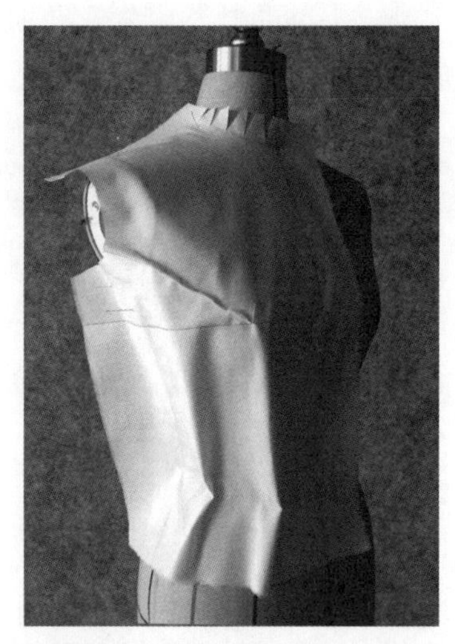
图 3.27　制作前衣片 5

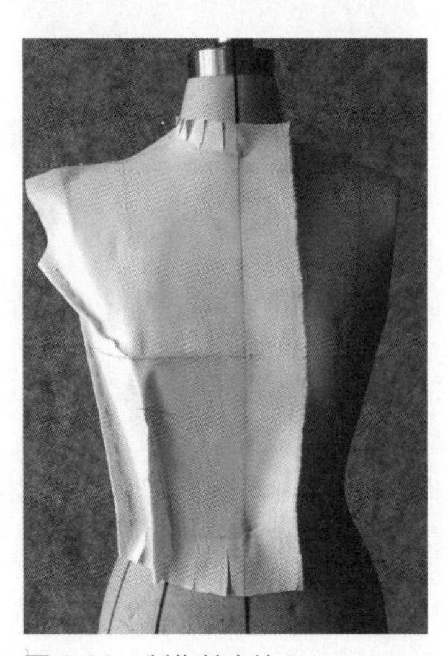
图 3.28　制作前衣片 6

图 3.29　制作前衣片 7

（3）制作后衣片。

① 将胚布后片的后中心线、横背宽线与人台的后中心线、横背宽线重合，并在后颈点、腰围线与后中心线结合点处别对针固定。在横背宽线肩胛骨处留 1cm 松度，并在横背宽线的末端别一针，保证胚布的横背宽线在操作过程中始终与人台的横背宽线重合，与地面平行，保证横背宽线以下的布料始终与地面垂直。

保证面料与人台横背宽线重合的前提下，将横背宽线以上的面料余量推至肩线二分之一处，大致在后公主线处将余量捏成后肩省，从肩线降下 6 ～ 7cm 用大头针挑一根布丝定省尖，并用大头针别好后肩省（图 3.30）。

② 用手将后腋点、侧缝线处的面料顺人体形态轻轻塑形，将余量在后公主线和后公主线至侧缝线的二分之一处初步固定，省量大致均等。分配省量时，注意后箱型结构的塑造与保持（图 3.31）。

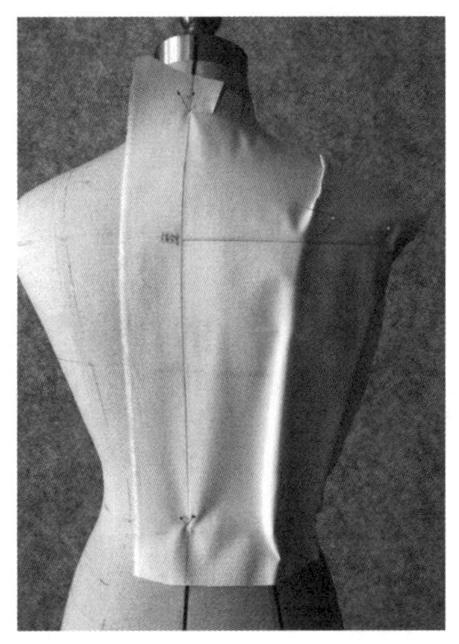

图 3.30 制作后衣片 1

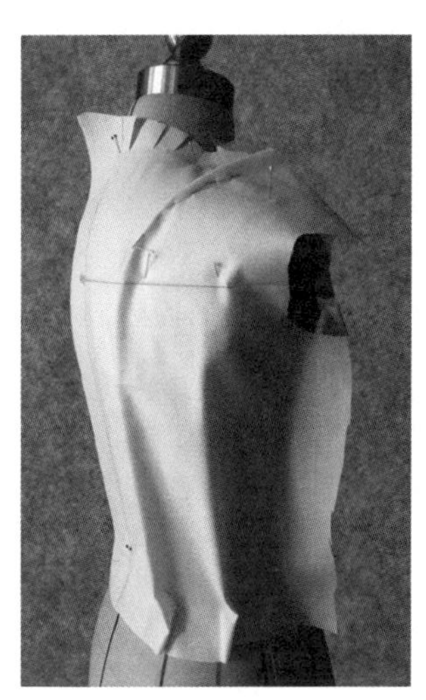

图 3.31 制作后衣片 2

③ 在后公主线处捏取后腰省，过胸围线 2cm 处定省尖。在后公主线与侧缝线二分之一处捏取另一条腰省，省尖距离横背宽线 3 ～ 4cm。捏取省道时，注意箱型结构的保持（图 3.32）。

（4）别合前后衣片。

首先，将前后衣片肩部抓起用叠别针法别好，别时要将后肩省抓住一起别。其次，将前后侧缝线用抓别针法别好，别侧缝线时要注意保持住前后衣片的箱型结构造型。再次，在侧缝线上加放松度，在侧缝线净份基础上，胸围线加 1.5cm 放松度，腰围线加 0.7cm 放松度。最后，用标志带将两点连线后用笔画出（图 3.33）。

（5）完成，标线。

用笔将衣片的所有结构线标线，完成。从人台的前面、背面、侧面观察服装是否合适，箱型结构是否明显，放松度是否加放（图 3.34）。

新文化式原型的平面板型如图 3.35 所示。

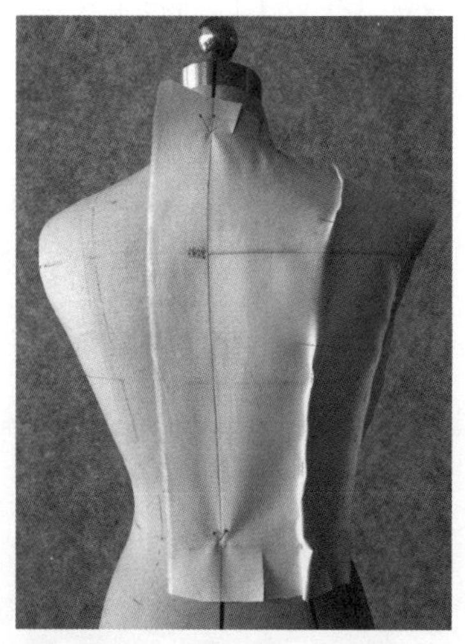

图 3.32　制作后衣片 3

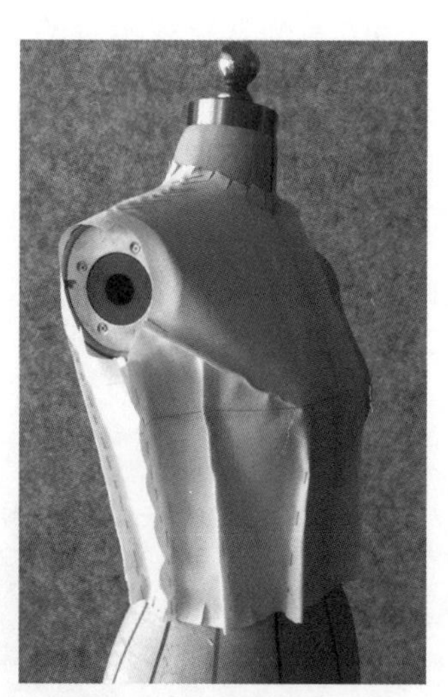

图 3.33　别合前后衣片

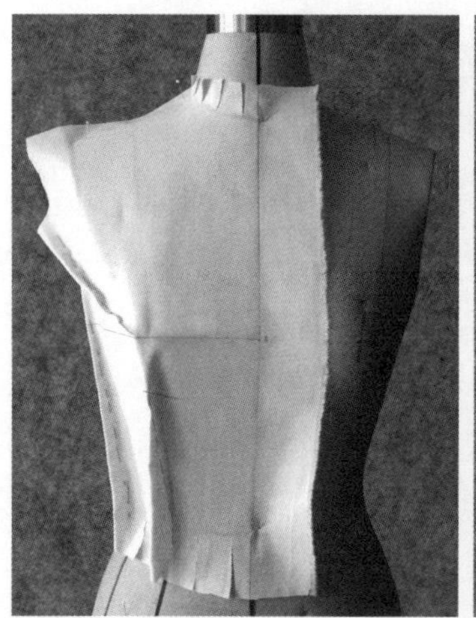

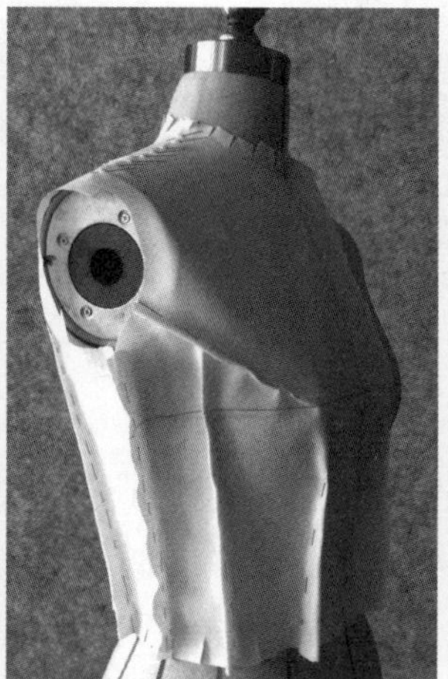

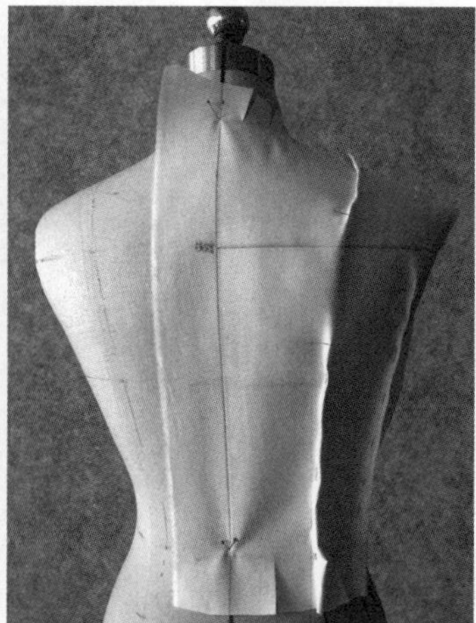

图 3.34　完成新文化式原型的立体制板

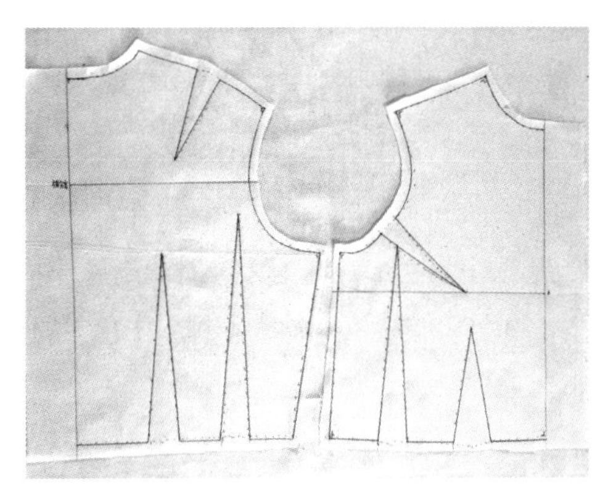

图 3.35 新文化式原型的平面板型

【思考与实践】

学生根据教师的授课内容，进行新文化式原型的立体裁剪操作技巧训练。

CHAPTER FOUR

第四章
上衣原型的省道转移

第一节　省道转移技术的原理与方法
第二节　肩省的制作
第三节　领口省的制作
第四节　袖窿省的制作
第五节　胸省的制作
第六节　肋下省的制作
第七节　前中心省的制作

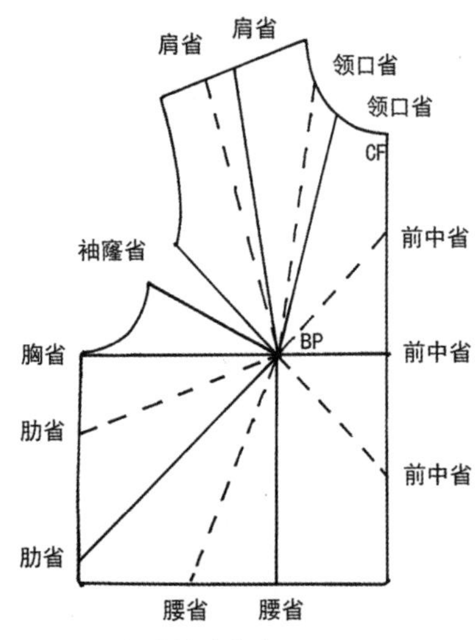

图 4.1 省道转移名称

第一节 省道转移技术的原理与方法

省道转移，即将胸腰差量的腰省，以 BP 点为圆心将胸腰余量 360° 旋转，转移至衣身其他部位，形成其他部位的省道，如肩省、肋下省、领口省、袖窿省、前中心省等。转移形成的省道可以是无数条，根据所在位置的不同大致归类，如图 4.1 所示。

【省道转移技术的原理】

【省道转移的平面板型原理】

第二节 肩省的制作

肩省即新文化式原型中的袖窿省或袖窿省与腰省转移至肩线位置的省道，可以有无数条。

一、学习要点

学习目的：理解掌握省道转移技术及肩省的制作方法。

制作重点：利用省道转移技术将胸腰差量转移至肩部，形成肩省；转移过程中注意箱型结构的保持。

制作难点：服装松度的把握，箱型结构的保持。

肩省造型的款式特点如图 4.2 所示。

图 4.2 肩省造型的款式特点

二、肩省的制作方法

1.胚布的准备

采用上衣原型的面料估算方法估算面料，尺寸与旧文化式原型上衣一致（参见图 3.5）。将撕扯下的备布进行整熨，调整纱向，在布上划丝并画出基础线。

【肩省的制作】

2.制作前衣片

（1）胚布前中心线、胸围线与人台标线对齐，裁剪到颈围线的方法与前述上衣原型一致。注意，锁骨处留 0.2cm 松度，BP 点处留 1cm 松度（图 4.3）。

（2）转移省道，胚布胸围线与人台胸围线始终重合，不用上移。只需转移胸围线以上的余量至肩线处，胸围线下的余量自然调整成箱型结构保持宽松造型。转移过程中注意箱型结构造型（图 4.4）。

（3）将余量在肩线公主线处捏肩省，省尖距 BP 点 6 ～ 7cm。用大头针将省道别出，注意布纹一定要顺，省道不要扭曲（图 4.5）。

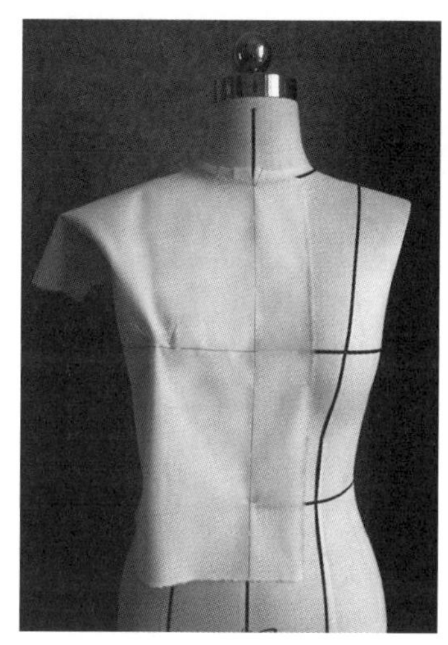

图 4.3　制作前衣片

3.制作后衣片

肩省原型衣的后衣片制作方法基本与上衣原型后衣片制作方法一致。由于肩省原型衣胸围线没有上移，只转移了胸围线以上的余量至肩部，胸围线下保持宽松造型，故

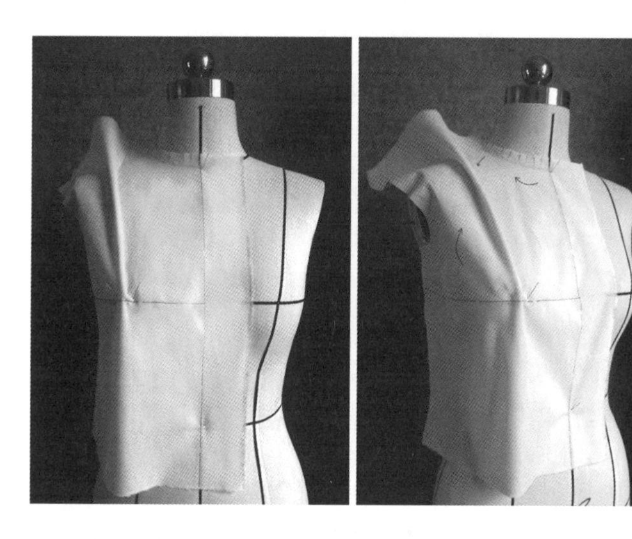

图 4.4　制作前肩省 1

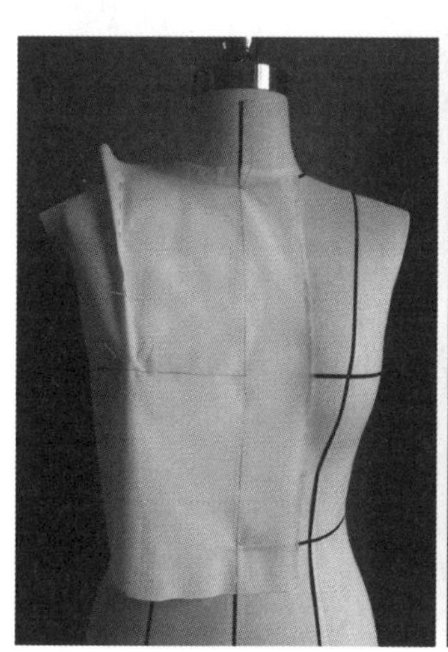

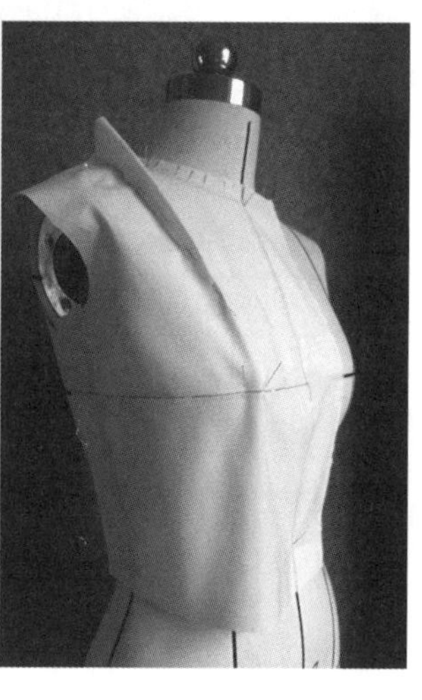

图 4.5　制作前肩省 2

肩省原型衣的后衣片也应与前片呼应，保持宽松造型，后片不捏后腰省，只捏后肩省即可，但要注意后衣片的箱型结构造型（图 4.6）。

4.别合前后衣片

前后衣片的合片方法与上衣原型一致，注意侧缝胸围线处加进 1.5cm 放松度，腰围线加 0.7cm 放松度（图 4.7）。

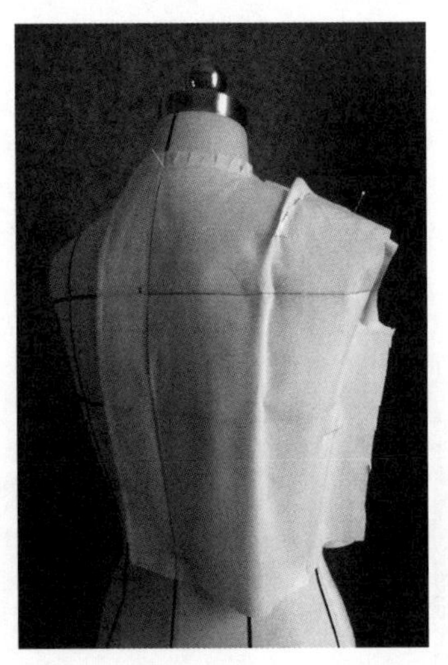

图 4.6　制作后衣片

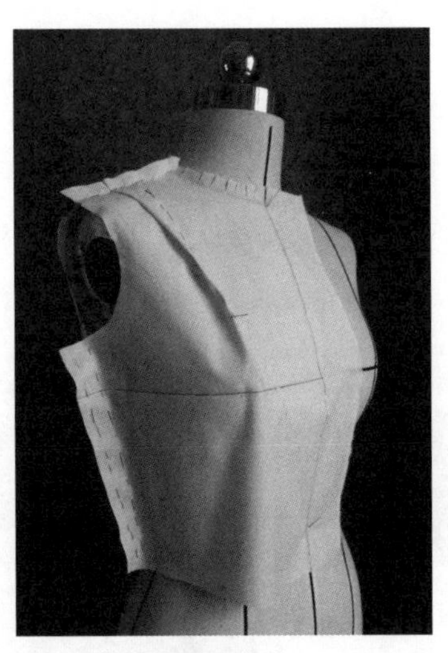

图 4.7　别合前后衣片

5.完成，标线

用笔将衣片的所有结构线标线。标腰围线时，由于腰围处余量没有完全转移走，保持宽松造型。从人台的前面、背面、侧面观察服装是否合适，箱型结构是否明显，放松度是否加放（图 4.8）。

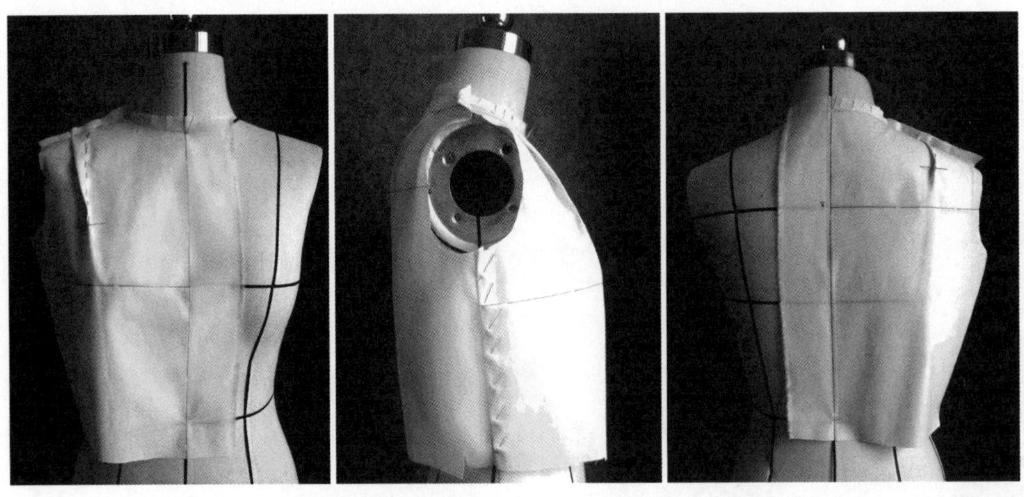

图 4.8　完成肩省原型衣的立体制板

肩省造型的平面板型如图 4.9 所示。

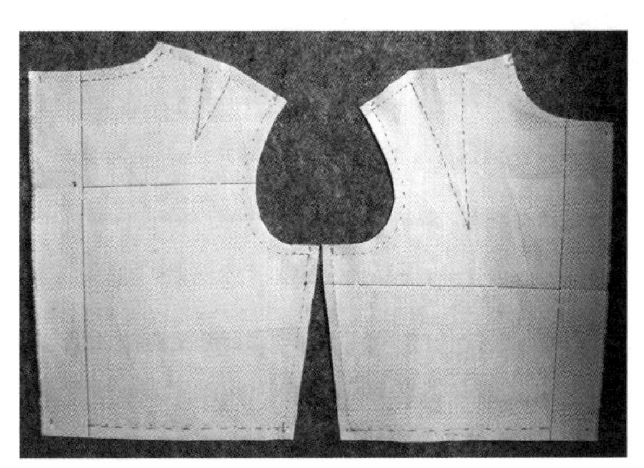

图 4.9　肩省原型衣的平面板型

【思考与实践】

学生根据教师的授课内容，进行肩省原衣型的立体裁剪操作技巧训练。尝试利用肩省余量进行款式变化。

【领口省的制作】

第三节　领口省的制作

领口省即新文化式原型中的袖窿省或袖窿省与腰省转移至颈围线位置的省道，可以有无数条。

一、学习要点

学习目的：掌握省道转移技术及领口省的制作。

制作重点：利用省道转移技术将胸腰差量转移至领口，形成领口省。省量转移过程中注意箱型结构的保持。

制作难点：服装松度的把握，箱型结构的保持。

领口省造型的款式特点如图 4.10 所示。

图 4.10　领口省造型的款式特点

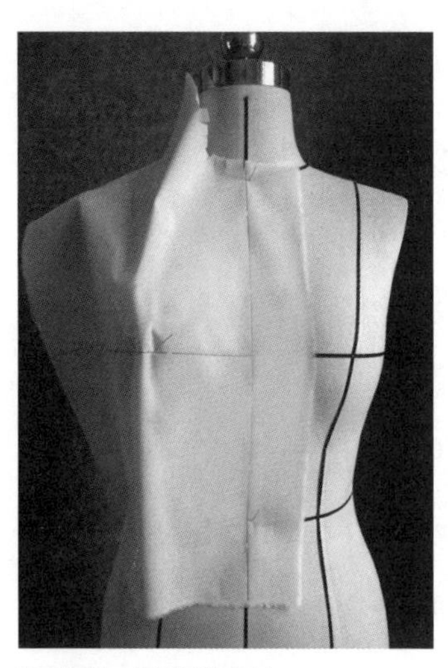
图 4.11 制作前衣片

二、领口省的制作方法

1.胚布的准备

采用上衣原型的面料估算方法估算面料，尺寸与旧文化式原型上衣一致（参见图 3.5）。将撕扯下的备布进行整熨，调整纱向，在布上划丝并画出基础线。

2.制作前衣片

（1）胚布前中心线、胸围线与人台标线对齐，裁剪到颈围线的方法与前述上衣原型一致。注意，锁骨处留 0.2cm 松度，BP 点处留 1cm 松度（图 4.11）。

（2）转移省道，胚布胸围线与人台胸围线始终重合，不用上移。只需转移胸围线以上的余量至颈围线处，颈围线范围内任何一处都可捏领口省，胸围线下的余量自然调整成箱型结构保持宽松造型。转移过程中注意箱型结构造型（图 4.12）。

（3）将余量在颈围线二分之一处捏领口省，省尖距 BP 点 6 ～ 7cm。用大头针将省道别出，注意布纹一定要顺，省道不要扭曲（图 4.13）。

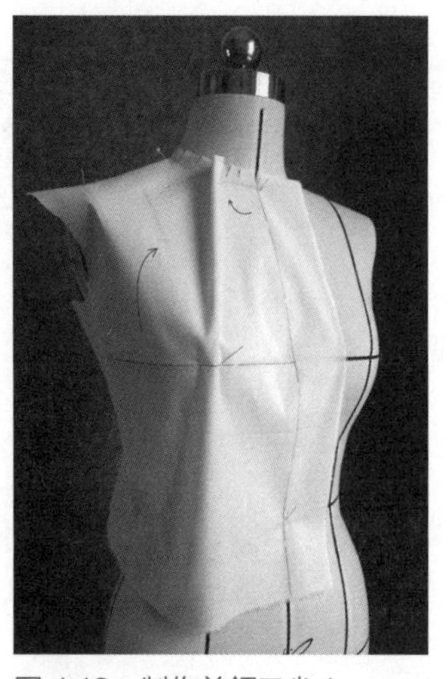
图 4.12 制作前领口省 1

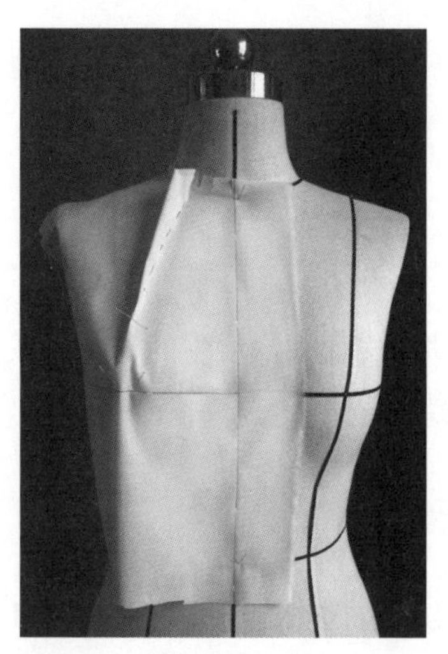
图 4.13 制作前领口省 2

3.完成，标线

领口省原型衣的后衣片制作方法与肩省后衣片制作方法一致，注意后衣片的箱型结构造型。从人台的前面、背面、侧面观察服装是否合适，箱型结构是否明显，放松度是否加放。用笔将衣片的所有结构线标线，得到平面板型（图 4.14）。

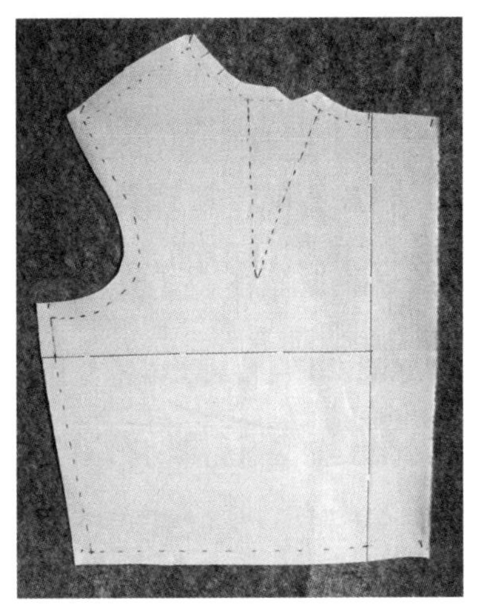

图 4.14　领口省原型衣的平面板型

【思考与实践】

学生根据教师的授课内容，进行领口省原型衣造型的立体裁剪操作技巧训练。尝试利用领口省余量进行款式变化。

第四节　袖窿省的制作

【袖窿省的制作】

袖窿省即胸围线以上余量转移至袖窿位置的省道，可以有无数条。

一、学习要点

学习目的：掌握省道转移技术及袖窿省的制作。

制作重点：确定袖窿省的位置，利用省道转移技术将胸腰差量转移至袖窿处（箱型结构下），形成袖窿省。省道转移过程中注意箱型结构的保持。

制作难点：袖窿省的位置尽量在箱型结构下，不要破坏箱型结构。

袖窿省造型的款式特点如图 4.15 所示。

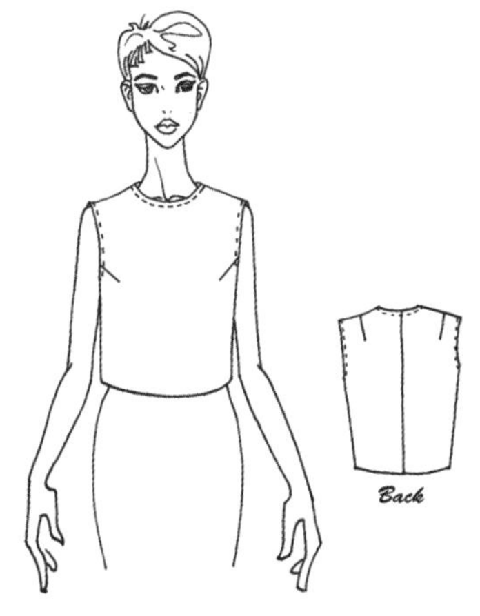

图 4.15　袖窿省造型的款式特点

二、袖窿省的制作方法

1.胚布的准备

采用上衣原型的面料估算方法估算面料，尺寸与旧文化式原型上衣一致（参见图3.5）。将撕扯下的备布进行整熨，调整纱向，在布上划丝并画出基础线。

2.制作前衣片

（1）胚布前中心线、胸围线与人台标线对齐，裁剪到颈围线的方法与前述上衣原型一致。注意，锁骨处留0.2cm松度，BP点处留1cm松度（图4.16）。

（2）转移省道，与肩省、领口省一样，胚布胸围线与人台胸围线始终重合，不用上移。只需转移胸围线以上的余量至袖窿线处，袖窿线范围内任何一处都可捏袖窿省，但要注意袖窿省的位置尽量在箱型结构下，不要破坏箱型结构。胸围线下的余量自然调整成箱型结构保持宽松造型。转移过程中注意箱型结构造型（图4.17）。

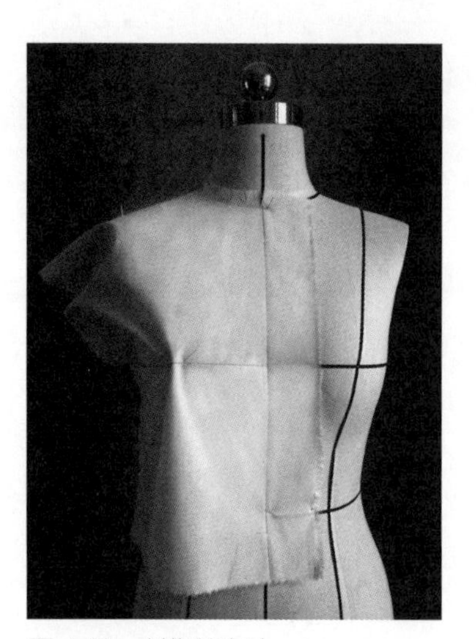

图4.16 制作前衣片

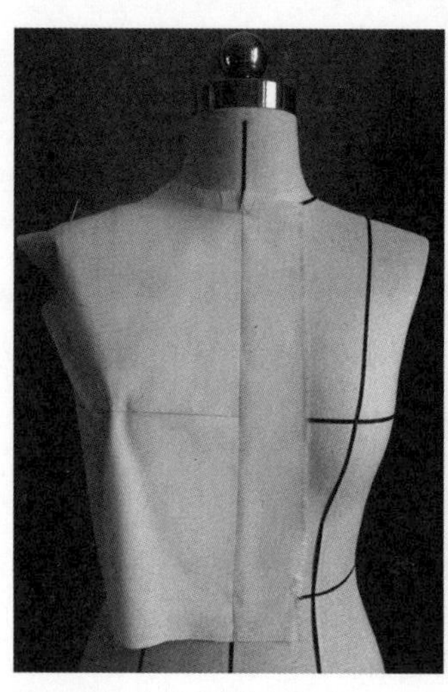

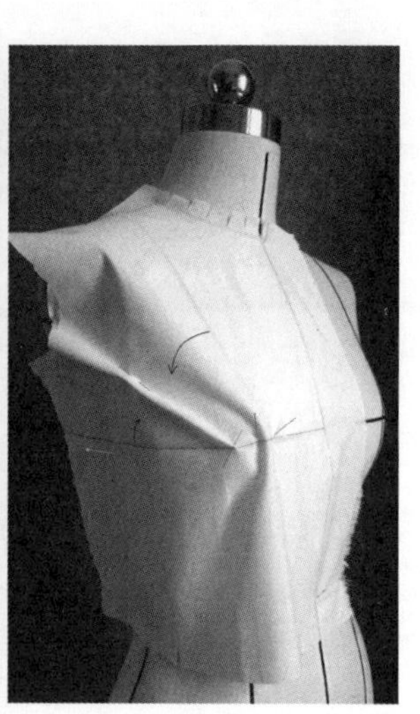

图4.17 制作前袖窿省1

（3）将余量在袖窿线箱型结构下捏取袖窿省，且抓取省道的同时注意保持箱型结构。省尖距BP点4cm，用大头针将省道别出，注意布纹一定要顺，省道不要扭曲（图4.18）。

3.完成，标线

袖窿省原型衣的后衣片制作方法与肩省后衣片制作方法一致，注意后衣片的箱型结构造型。从人台的前面、背面、侧面观察服装是否合适，箱型结构是否明显，放松度是否加放。用笔将衣片的所有结构线标线，得到平面板型（图4.19）。

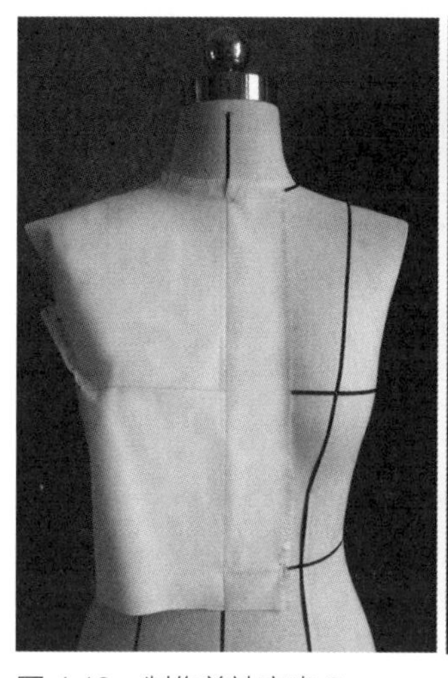
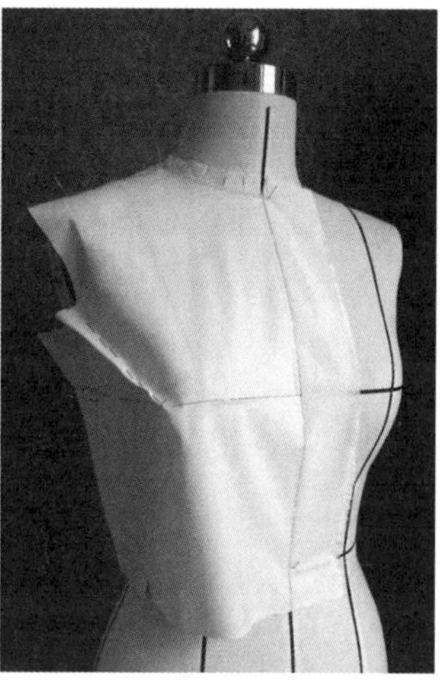

图 4.18　制作前袖窿省 2

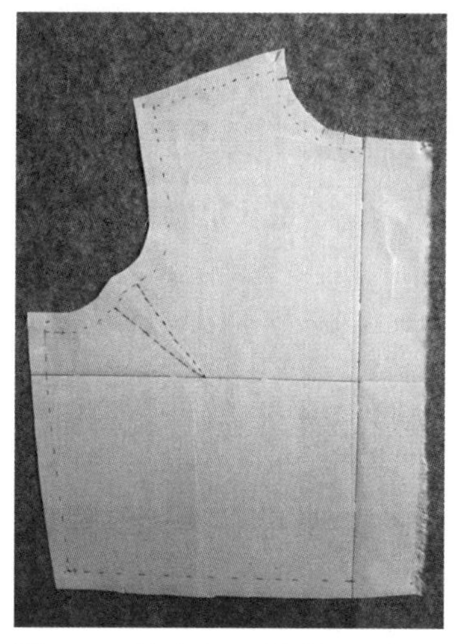

图 4.19　袖窿省原型衣的平面板型

【思考与实践】

学生根据教师的授课内容，进行袖窿省原型衣造型的立体裁剪操作技巧训练。

【胸省的制作】

第五节　胸省的制作

胸省，即新文化式原型中的袖窿省转移至胸围线附近的省道，由于胸省指向侧缝线，也可称为肋下省的一种。

一、学习要点

学习目的：掌握省道转移技术及胸省的制作。

制作重点：利用省道转移技术，将胸腰差量转移至胸围线上下 2cm 左右，形成胸省。省量转移过程中注意箱型结构的保持。

制作难点：服装松度的把握，箱型结构的保持。

胸省造型的款式特点如图 4.20 所示。

图 4.20　胸省造型的款式特点

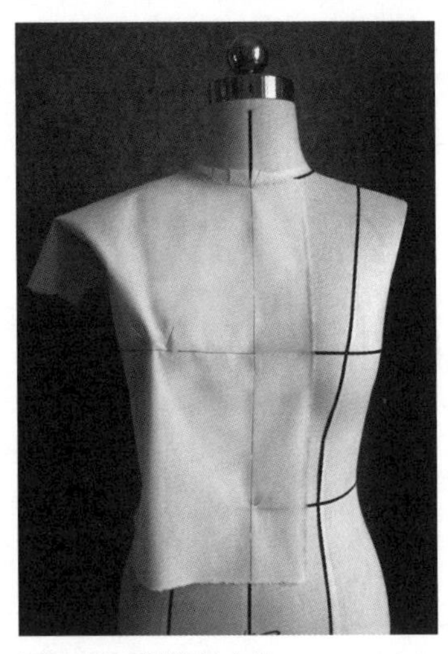

图 4.21　制作前衣片

二、胸省的制作方法

1.胚布的准备

采用上衣原型的面料估算方法估算面料，尺寸与旧文化式原型上衣一致（参见图 3.5）。将撕扯下的备布进行整熨，调整纱向，在布上划丝并画出基础线。

2.制作前衣片

（1）胚布前中心线、胸围线与人台标线对齐，裁剪到颈围线的方法与前述上衣原型一致。注意，锁骨处留 0.2cm 松度，BP 点处留 1cm 松度（图 4.21）。

（2）转移省道，与肩省、领口省、袖窿省一样，胚布胸围线与人台胸围线始终重合，不用上移。只需将胸围线以上的余量转移至胸围线上下 2cm 左右，最高不要到袖根点。注意，在转移余量的同时塑造箱型结构。胸围线下的余量自然调整成箱型结构保持宽松造型。转移过程中注意箱型结构造型（图 4.22）。

（3）将余量在胸围线上下 2cm 左右捏取胸省，且抓取省道的同时注意保持箱型结构。省尖距 BP 点 4 ～ 5cm。用大头针将省道别出，注意布纹一定要顺，省道不要扭曲（图 4.23）。

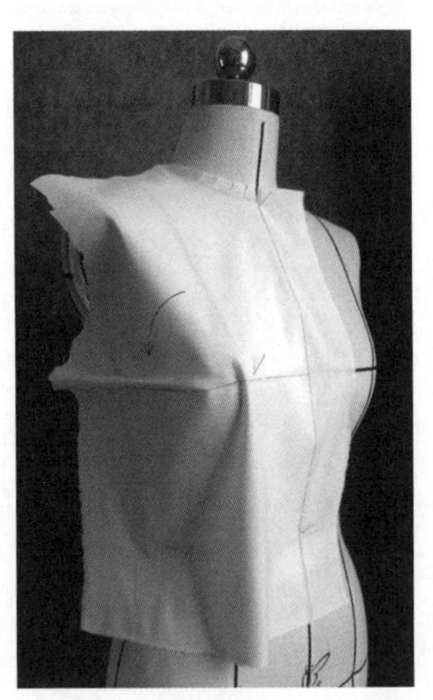

图 4.22　制作胸省 1

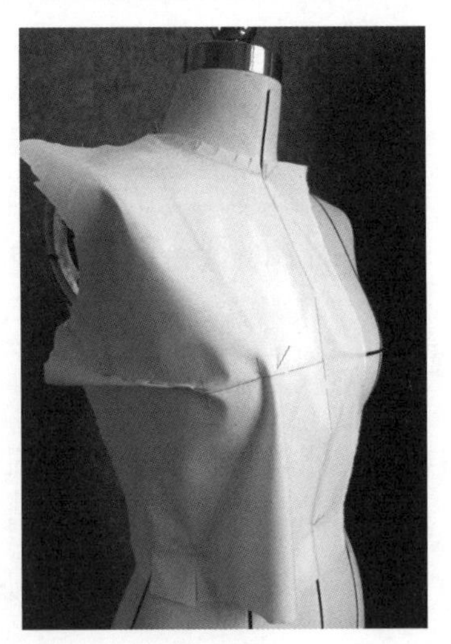

图 4.23　制作胸省 2

3.完成，标线

胸省原型衣的后衣片制作方法与肩省后衣片制作方法一致，注意后衣片的箱型结构造型。从人台的前面、背面、侧面观察服装是否合适，箱型结构是否明显，放松度是否加放。

用笔将衣片的所有结构线标线，完成胸省原型衣的立体制板（图 4.24）。

胸省原型衣造型的平面板型如图 4.25 所示。

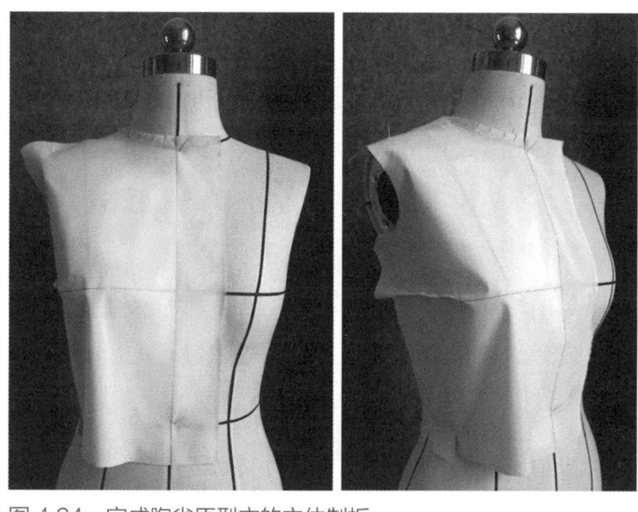

图 4.24　完成胸省原型衣的立体制板

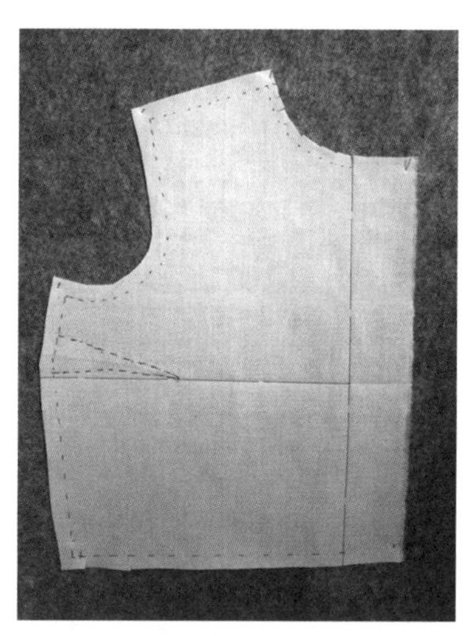

图 4.25　胸省原型衣的平面板型

【思考与实践】

学生根据教师的授课内容，进行胸省原型衣造型的立体裁剪操作技巧训练。

第六节　肋下省的制作

肋下省，即新文化式原型中的袖窿省或袖窿省与腰省转移至侧缝线位置的省道，可以有无数条。肋下省既能收进胸腰差量使服装合体，又能保证面料正面的美观完整性，不破坏正面大的图案形象。

【肋下省的制作】

一、学习要点

学习目的：理解省道转移技术的原理及肋下省的制作。

制作重点：利用省道转移技术将胸腰差量转移至侧缝线处，形成肋下省。省量转移过程中注意箱型结构的保持。

制作难点：服装松度的把握，箱型结构的保持。

图 4.26　肋下省造型的款式特点

肋下省造型的款式特点如图 4.26 所示。

二、肋下省的制作方法

1.胚布的准备

采用上衣原型的面料估算方法估算面料，尺寸与旧文化式原型上衣一致（参见图 3.5）。撕扯下的备布进行整熨，调整纱向，在布上划丝并画出基础线。

2.制作前衣片

（1）胚布前中心线、胸围线与人台标线对齐，裁剪到颈围线的方法与前述上衣原型一致。注意，锁骨处留 0.2cm 松度，BP 点处留 1cm 松度（图 4.27）。

（2）转移胸腰余量，肋下省可以将胸腰余量全部转移至侧缝线处，胚布胸围线可以下移，不用和人台重合。一边转移余量，一边塑造箱型结构（图 4.28）。

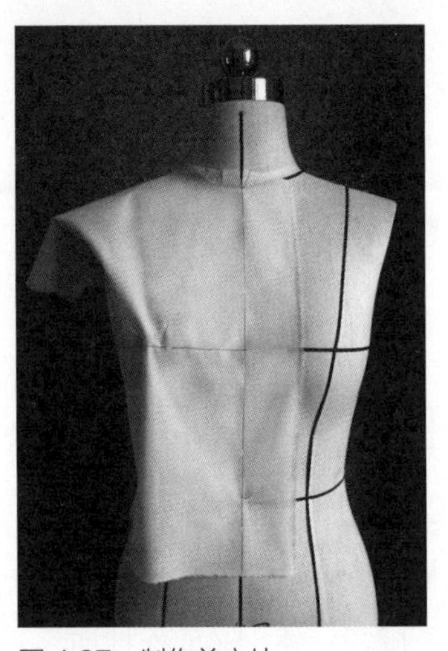
图 4.27　制作前衣片

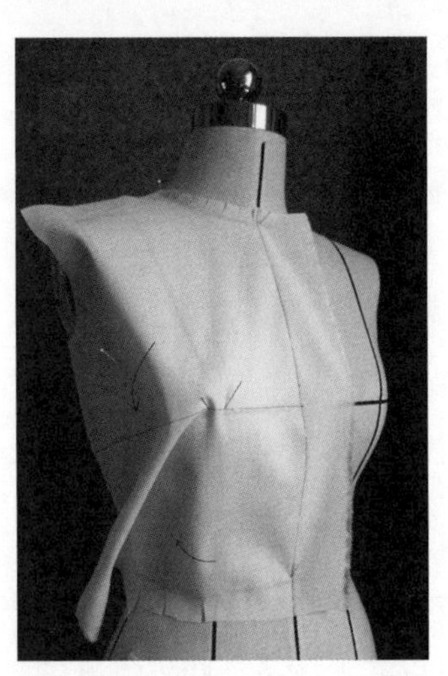
图 4.28　制作肋下省 1

（3）将余量捏取在侧缝线的任意一点，省尖距离 BP 点 4 ～ 5cm。用大头针将省道别合，别合省道时注意保持住箱型结构（图 4.29）。

3.完成，标线

肋下省原型衣的后衣片制作方法与上衣原型后衣片制作方法一致，注意后衣片的箱型结构造型。从人台的前面、背面、侧面观察服装是否合适，箱型结构是否明显，放松度是否加放。用笔将衣片的所有结构线标线，得到肋下省原型衣的平面板型（图 4.30）。

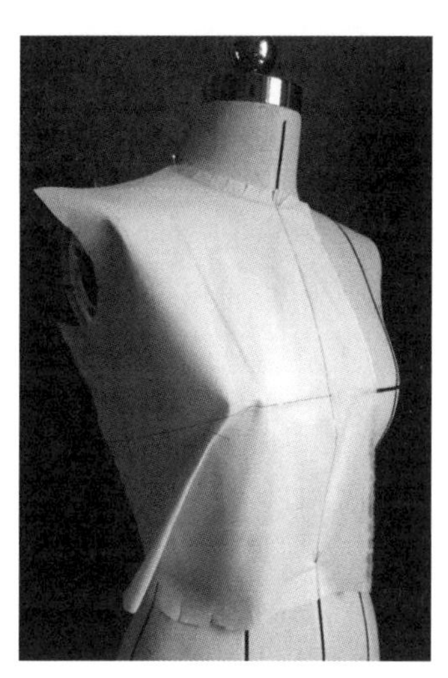

图 4.29　制作肋下省 2

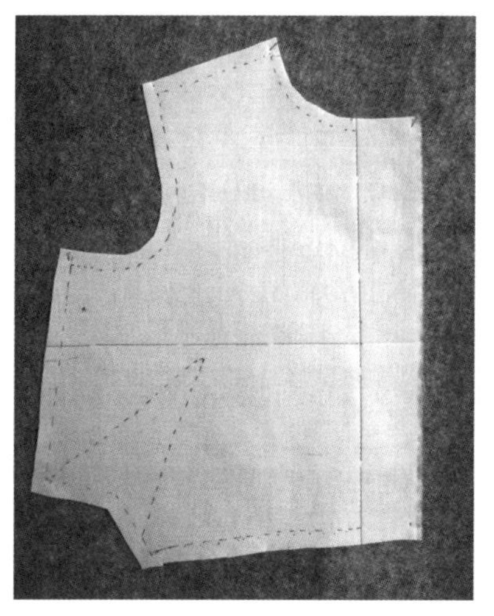

图 4.30　肋下省原型衣的平面板型

【思考与实践】

学生根据教师的授课内容，进行肋下省原型衣造型的立体裁剪操作技巧训练。

第七节　前中心省的制作

【前中心省的制作】

前中心省，即新文化式原型中的袖窿省或袖窿省与腰省转移至前中心线处的省道，可以有无数条。

一、学习要点

学习目的：掌握省道转移技术及前中心省的制作。

制作重点：利用省道转移技术将胸腰差量转移至前中心线处，形成前中心省。省量转移过程中注意箱型结构的保持。

制作难点：服装松度的把握，箱型结构的保持。

前中心省造型的款式特点如图 4.31 所示。

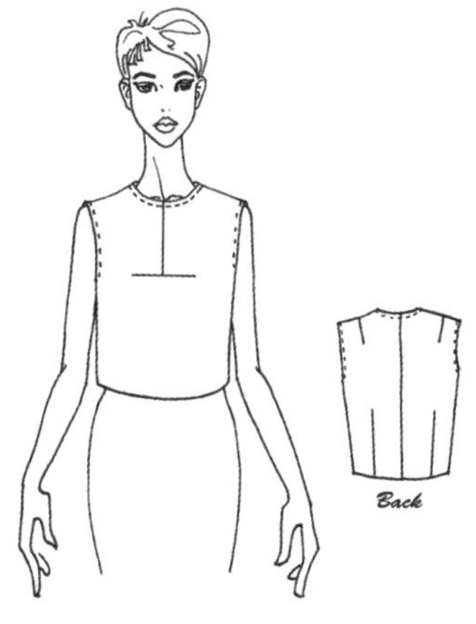

图 4.31　前中心省造型的款式特点

二、前中心省的制作方法

1.胚布的准备

采用上衣原型的面料估算方法估算面料，尺寸为50cm（经纱方向）×38cm（纬纱方向）。将撕扯下的备布进行整熨，调整纱向，在布上划丝并画出基础线。

2.制作前衣片

（1）将胚布的前中心线，胸围线与人台的标志线对合，腰围线处与人体贴合，BP点留1cm松度。按图示箭头方向将胸腰余量经过腰、侧缝、袖窿到肩线，在肩端点别一针。然后，向上推至侧颈点处别一针，再经过领口处，转移至前中心处。转移过程中注意箱型结构的塑造与保持(图4.32)。

（2）将领窝部位多余布料粗裁，并打发散型剪口，使领窝服帖，锁骨处留0.2cm松度（图4.33)。

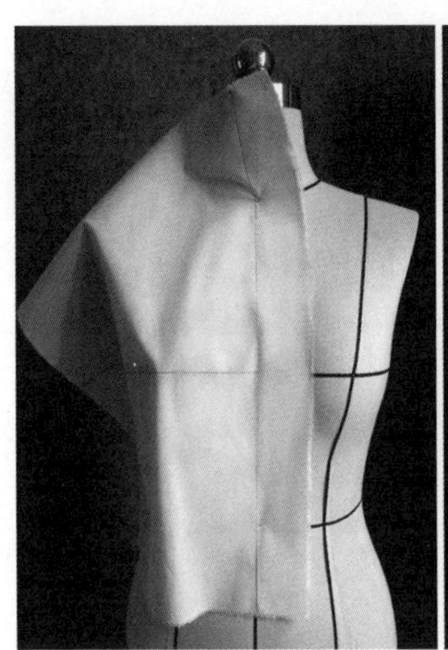
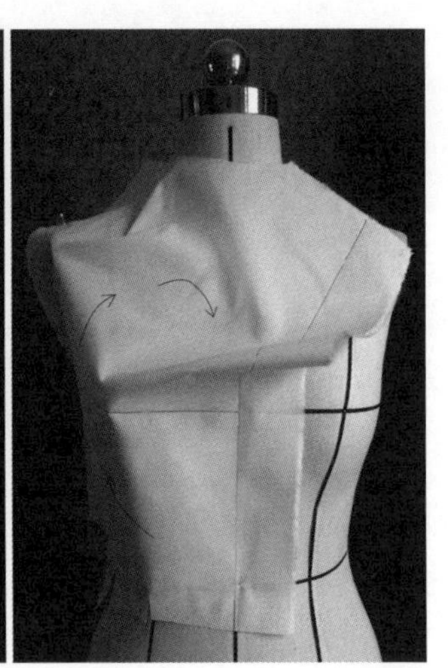

图4.32　制作前衣片

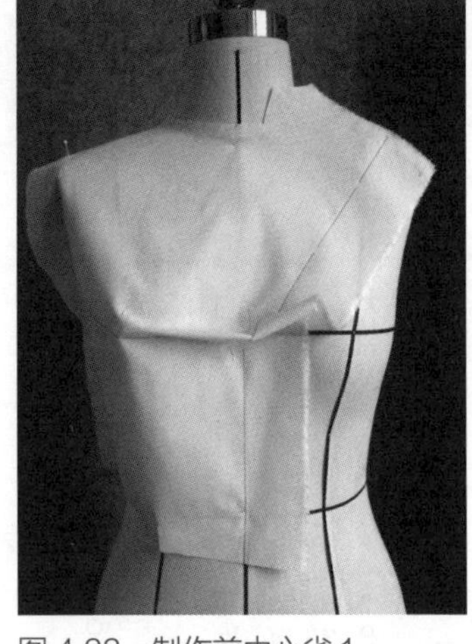

图4.33　制作前中心省1

（3）将转移的余量捏取在前中心线上任意一点，这里捏取在胸围线处。在前中心线与胸围线垂直处捏取省道，用大头针别合，省尖距离BP点2cm（图4.34)。

3.完成，标线

前中心省原型衣的后衣片制作方法与上衣原型后衣片制作方法一致，注意后衣片的箱型结构造型。从人台的前面、背面、侧面观察服装是否合适，箱型结构是否明显，放松度是否加放。用笔将衣片的所有结构线标线，得到前中心省原型衣的平面板型(图4.35)。

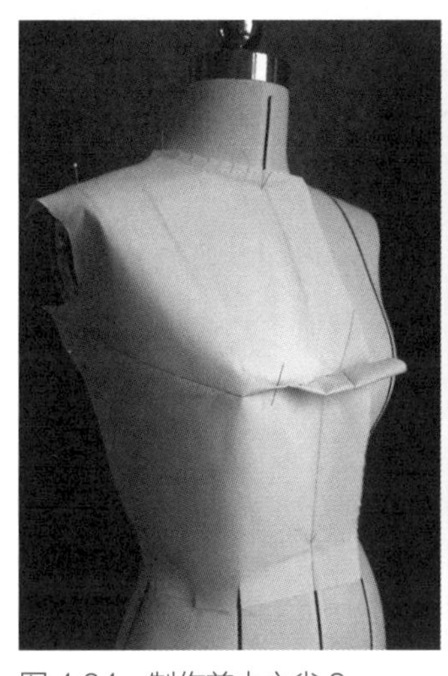
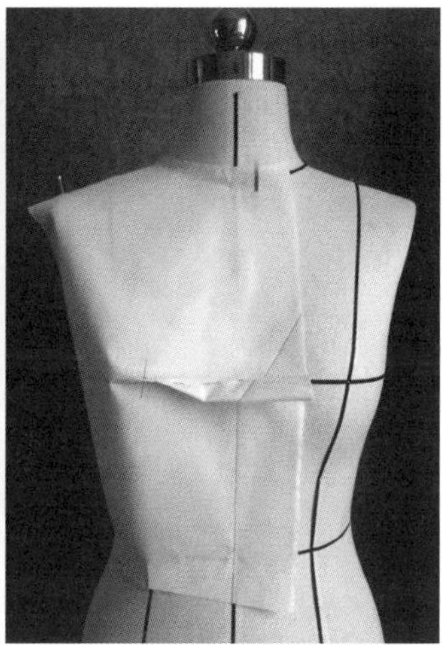
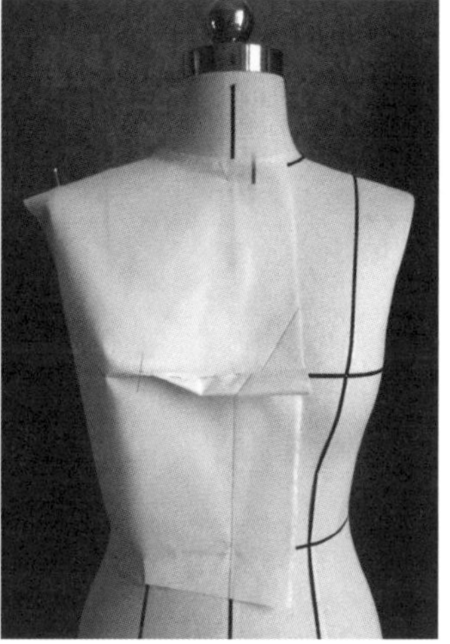

图 4.34　制作前中心省 2

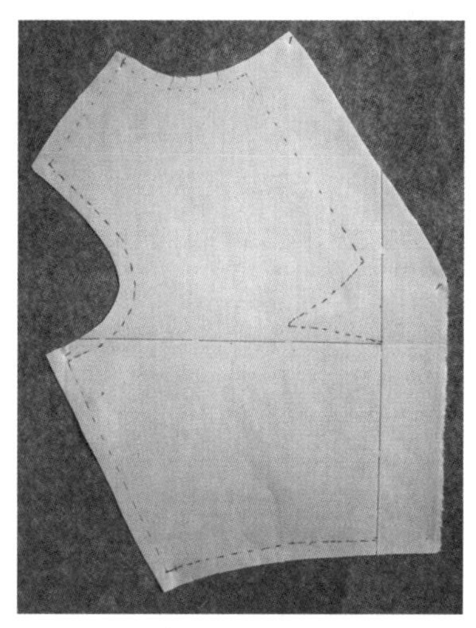

图 4.35　前中心省原型衣的平面板型

【思考与实践】

学生根据教师的授课内容，进行前中心省原型衣造型的立体裁剪操作技巧训练。尝试利用前中心省余量进行款式变化。

CHAPTER FIVE

第五章
裙子原型（直筒裙）的制作

第一节　裙子的构成原理

裙子是女性下装的主要服装款式，与人体腰部、臀部关系密切。可以取一张打板纸，水平包裹在人台臀部上呈筒状，观察腰部与臀部之间留下的空间。由于腰部细，臀部较宽，打板纸在臀部以上至腰部间留有很多空隙，这就是腰臀差。制作裙子时，要将这部分差量处理成腰省，才能使裙子合体。

在设计制作裙子时，还要充分考虑到活动量。人体下肢活动量较大，坐、蹲、走、跑等，这些必要的活动量在裙子设计打板时都要充分考虑进去。而且，如果裙子越长，受到步幅的影响，裙摆应越大；如果裙摆幅度受设计款式限制，则相应地设计裙衩，补充活动量。

第二节　裙子原型（直筒裙）的制作方法

裙子原型（直筒裙）是裙子款式的基础，可以在裙子原型的基础上变化设计出多种款式的裙子。

裙子原型（直筒裙）的款式特点为腰臀部位贴合人体，长度及膝，臀围线以下裙摆呈H型，与地面垂直。裙子原型（直筒裙）根据臀腰差设置为8条省道（前片4条，后片4条），臀围放松量为4～6cm。腰线在人体自然腰围线处，绱裙腰，裙后中心线处绱拉链及开衩结构。

一、学习要点

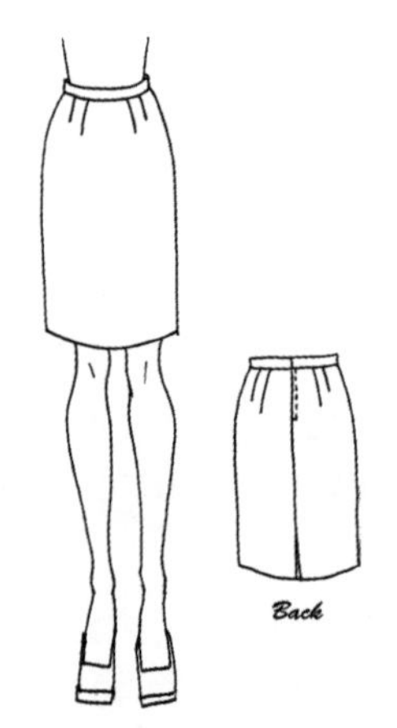

图5.1　裙子原型（直筒裙）的款式特点

学习目的：掌握裙子原型（直筒裙）的制作，以及理解腰臀差量即腰省的概念。

制作重点：裙子原型各部位的松度，腰省的位置及长度，裙子原型的箱型结构。

制作难点：裙子原型外轮廓与面料丝缕的关系。裙子松度的把握，箱型结构的保持及腰省的位置形态。

裙子原型（直筒裙）的款式特点如图5.1所示。

二、裙子原型（直筒裙）的制作方法

1.胚布的准备

裙子原型胚布的估算同前述上衣原型一样，可用软尺进行估算测量。前裙片长度经纱方向从前中心线处量取，过腰围线 4cm，比设计的裙长多 5cm。宽度纬纱方向，过前中心线 5cm，过侧缝线 5cm。后裙片估算方法与前裙片一致。量取尺寸为：前裙片 60cm（经纱方向）×35cm（纬纱方向）；后裙片 60cm（经纱方向）×33cm（纬纱方向）。将撕扯好的胚布整熨调整纱向并划丝，前片标出前中心线、臀围线基础线；后片标出后中心线、臀围线基础线（图 5.2）。

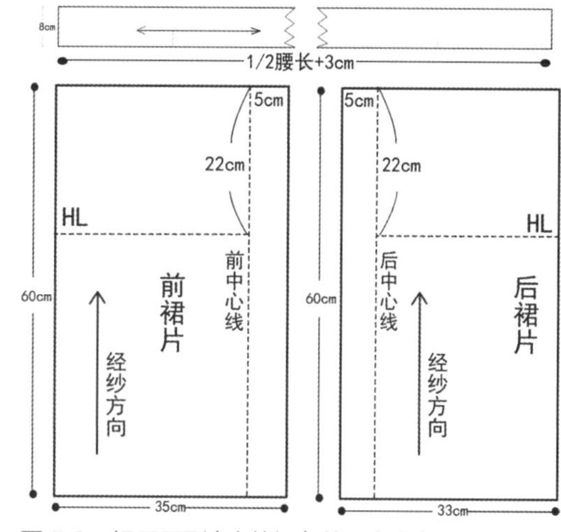

图 5.2 裙子原型（直筒裙）的胚布准备

2.标出省道线

在制作之前，先用标志带将省道的个数及长度在人台上标画出来（图 5.3）。

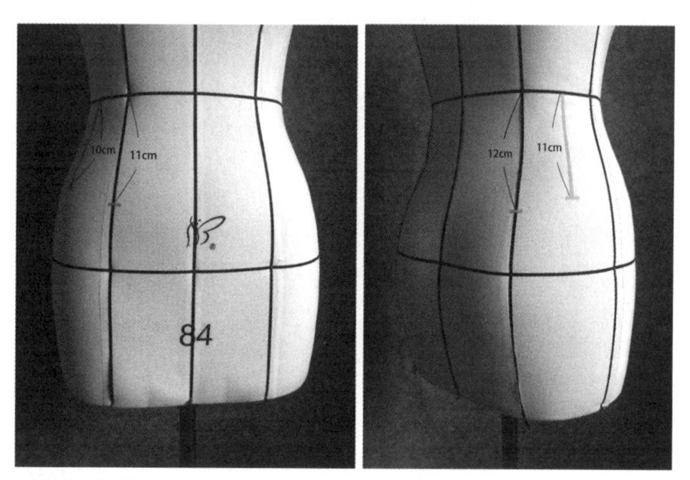

图 5.3 标线

裙子原型的省道位置，此裙子原型周身共 8 条省道，半身板型共 4 条省道，前后片各两条省道。

前片：第一条省道位于前公主线处，长度为 11cm；第二条省道位于前公主线与侧缝线二分之一处，长度为 10cm。两条省道都应与人台外轮廓线一致，呈放射状。

后片：第三条省道位于侧缝线与后公主线二分之一处，长度为 11cm；第四条省道在后公主线处，长度为 12cm。后片两条省道也随人体外轮廓造型呈放射状。

4 条省道的情况：第一条省道为 11cm；第二条省道为 10cm；第三条省道为 11cm；第四条省道为 12cm。

3.制作前裙片

（1）胚布前中心线、臀围线与人台基础线重合。裙子原型属于直筒裙，臀围下裙型与地面垂直，呈 H 型，故在整个制作过程中胚布臀围线要始终与人台臀围线重合。在臀围线加入松度 1.25cm（松度可根据季节情况自定）（图 5.4）。

（2）臀围线以上布料，距侧缝一手掌宽度位置，用右手向侧缝处推抚面料，左手捏住布边向斜后方拉扯，将腰臀差量推向侧缝一些，注意推量不要过大。侧缝处基本还是平的只稍微鼓一些，鼓出的侧缝在缝制时可做缩缝处理（图 5.5）。

（3）分配省道，把腰围处剩余的余量分配成两条省道，根据人台省道的标线位置，将余量均匀的分配成两条省道，或第一条省道大些、第二条省道小些，注意省道呈放射状。腰线以上布料打剪口，使面料服帖，注意不要在省道上开剪（图 5.6）。

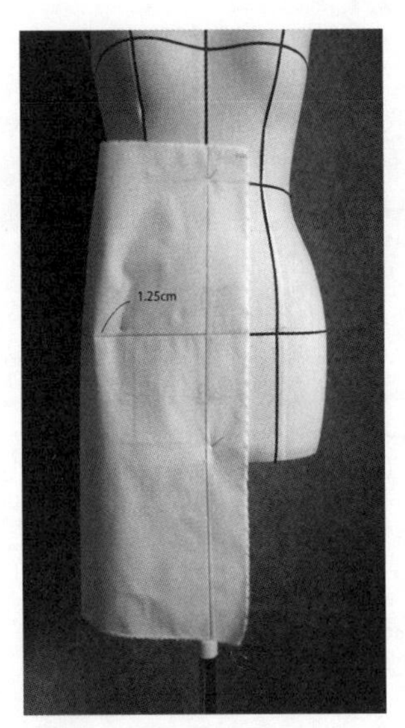

图 5.4　制作前裙片 1

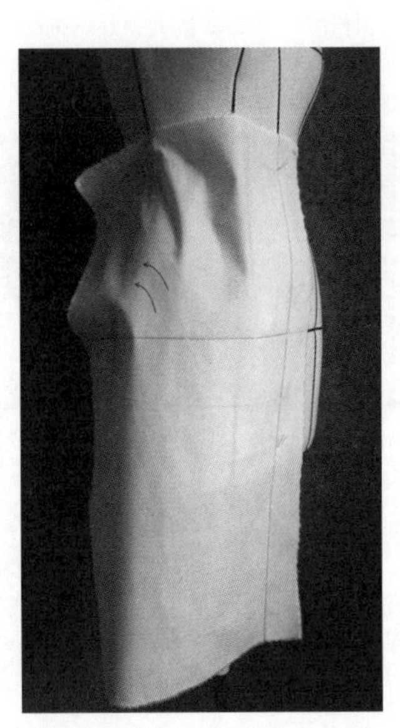
图 5.5　制作前裙片 2

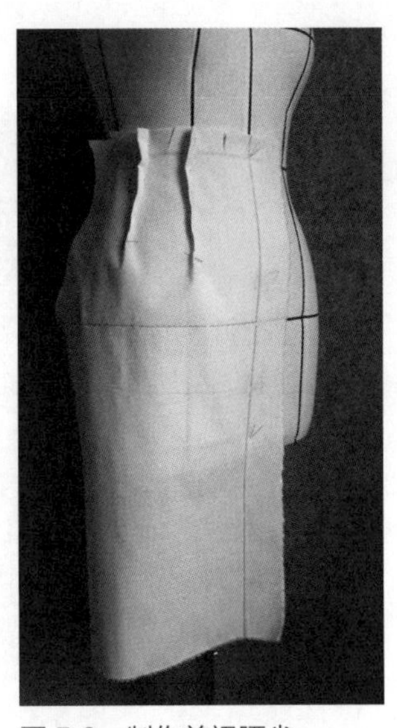
图 5.6　制作前裙腰省

【裙子原型（直筒裙）的制作——标线，制作前后片】

4.制作裙后片

（1）后片、后中心线、臀围线与人台基础线重合别好，在臀围线处加入松度 1.25cm，松度均匀分散在整个后裙片上。胚布臀围线在整个制作过程中始终保持与人台臀围线重合，在臀围侧缝线处别一针固定布料（图 5.7）。

（2）同前片一样，用手将臀围线上布料向侧缝线外推抚，臀侧缝线处稍微鼓些（图 5.8）。

（3）分配后片省道，由于臀部较丰满的原因，后片的省量会大些。根据人台上省道的标线位置，将余量均匀分配为两条省道，并用大头针别好。注意调整布料，不要扭曲（图 5.9）。

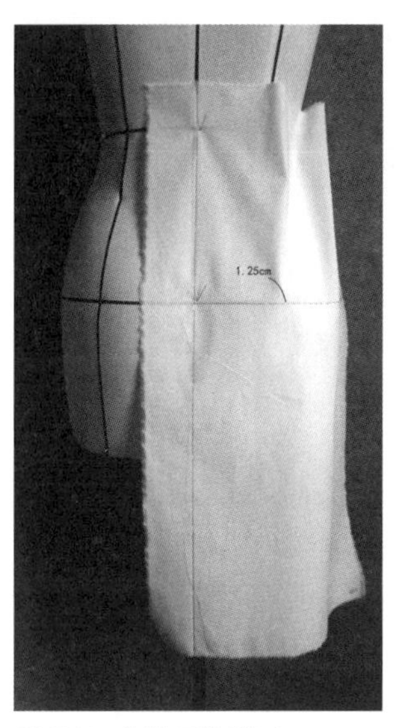

图 5.7　制作后裙片 1

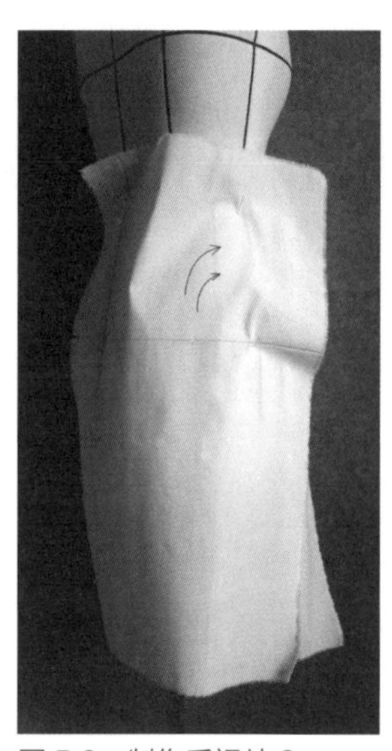
图 5.8　制作后裙片 2

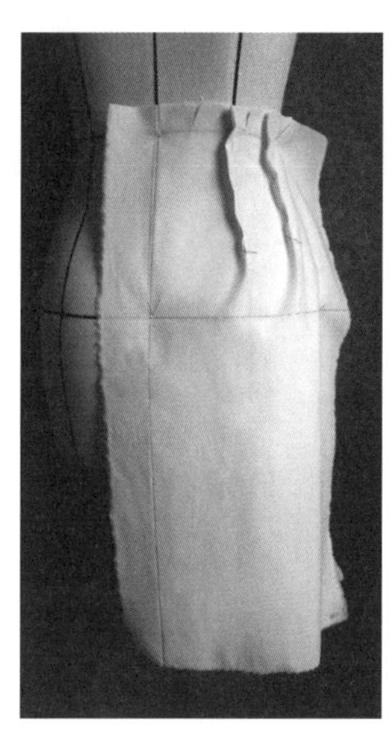
图 5.9　制作后裙腰省

5.别合前后裙片

前后裙片的臀围线对上，注意保持住前后片的松度。臀围线缝份处打剪口，剪口开到侧缝线处。臀围线以上的侧缝线顺人体弧度用抓别针法别好。臀围线以下的侧缝线用折叠针法，前片卷进压住后片别好。别合时一定注意臀围线以下的裙侧摆要与地面垂直，从正面、侧面、背面看均呈 H 型，不要呈 A 型或铅笔裙型。再将臀围线以上的侧缝线用笔标线，然后打开别针，用折叠针法前片压住后片别合（图 5.10）。

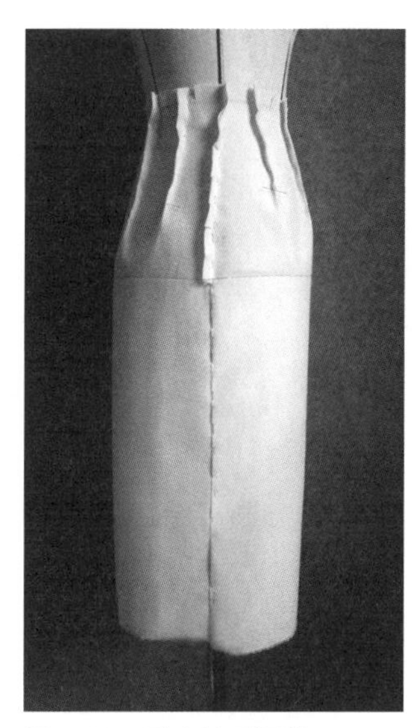
图 5.10　别合前后裙片

6.叠别裙摆

根据设计的裙长，用直角尺或 L 形尺从地面向上量取裙子长度。保证人台与地面垂直，量尺与地面垂直。量取时轻轻转动人台，一边转动人台，一边在裙摆标线做记号（图 5.11）。

最后，将裙摆所标记号连贯折叠，用大头针纵向别合。注意别裙摆时，大头针不能横向别合，会影响裙摆的顺畅性。

7.观察裙型、绱腰带

裙子形态满意后，制作腰带并与裙子别合。

腰带长度为二分之一腰围加 10cm，宽度为 8cm，如图折叠熨烫。将折熨好的腰带与裙子别合（图 5.12）。

【裙子原型（直筒裙）的制作——合片，画线】

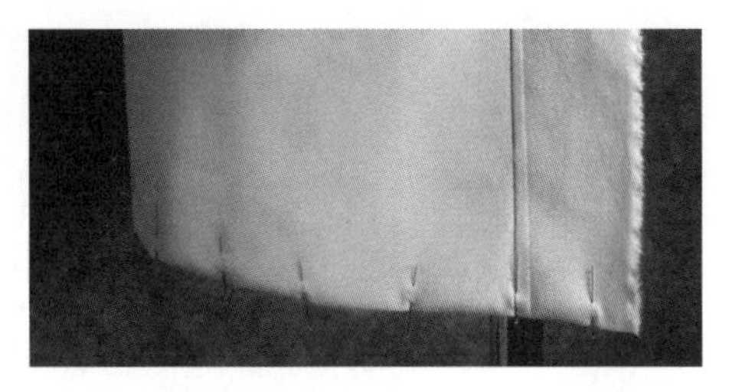

图 5.11 叠别裙摆

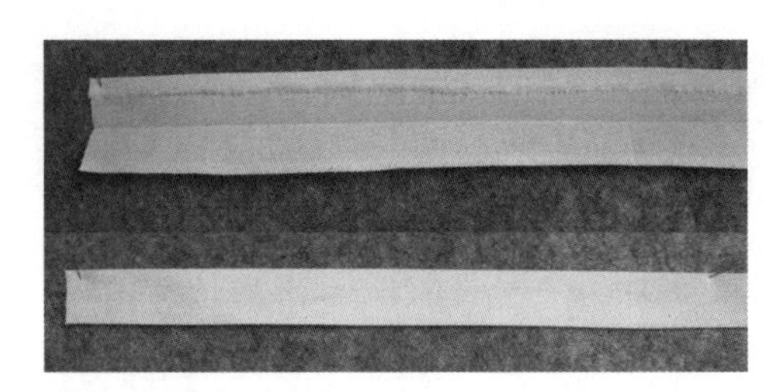

图 5.12 制作腰带

8.完成，标线

从正面、侧面、背面观察整体裙子的裙型是否呈 H 型并与地面保持垂直，裙子的整体松度是否合适。再次审视裙子造型，最后用笔将裙子结构线标画出来(图 5.13)。

拓板，得到裙子原型的平面板型(图 5.14)。

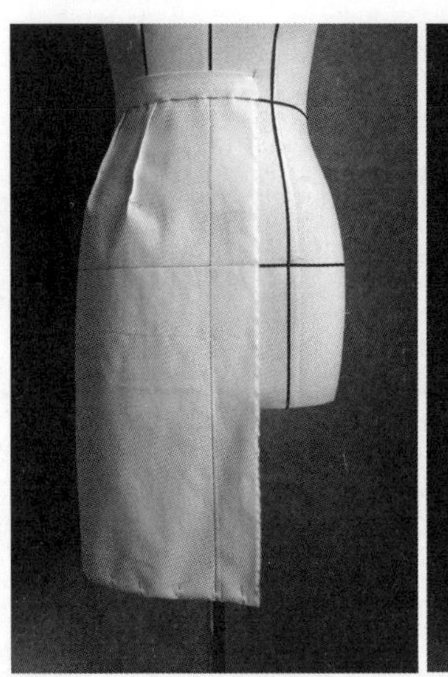

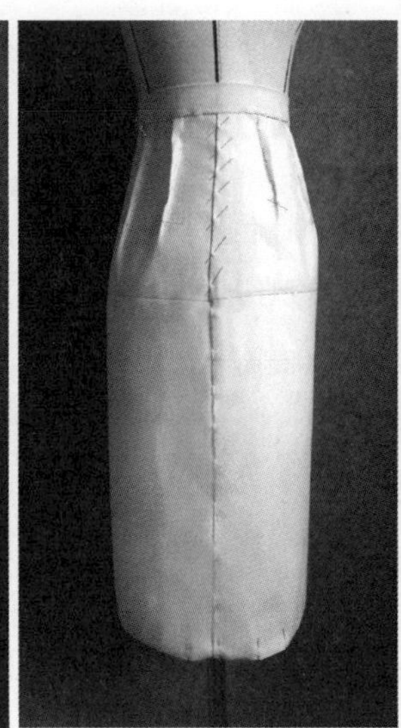

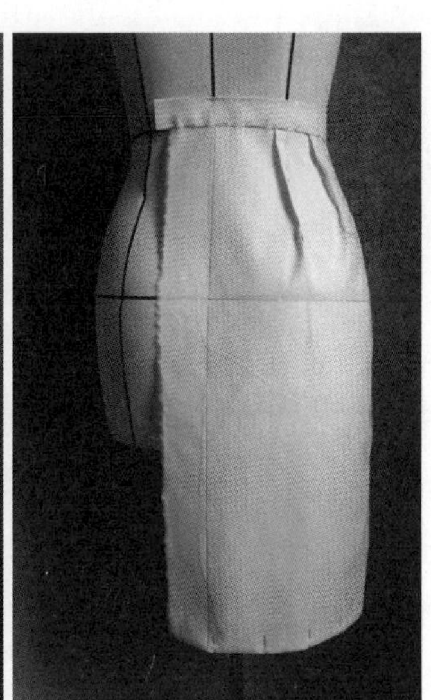

图 5.13 完成裙子原型的立体制板

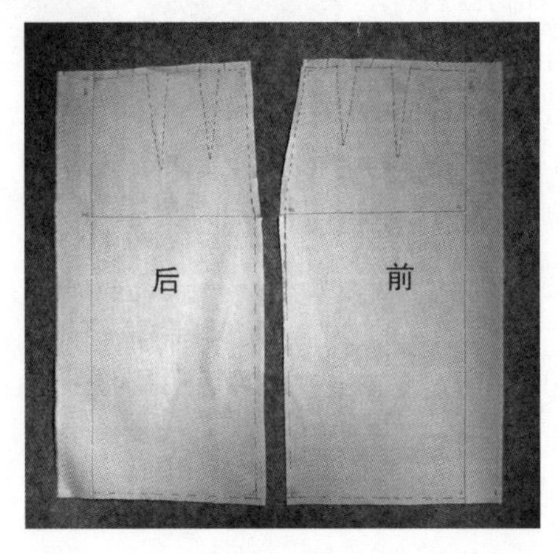

图 5.14 裙子原型的平面板型

【思考与实践】

学生根据教师的授课内容，进行裙子原型（直筒裙）造型的立体裁剪操作技巧训练。

第三节　裙子原型的变化

在裙子原型的基础上变化几款裙型，如图 5.15 所示。

【裙子原型的变化】

在图 5.15 中，裙子原型的款式变化介绍如下。

A 款裙型，在裙子原型基础上，公主线位置增加了开剪结构线。

B 款裙型，公主线裙摆微收拢后再放开，加入波浪摆设计。

C 款裙型，公主线裙摆微收拢后再放开，底摆加入叠褶设计。

D 款裙型，在裙子原型基础上，底摆处加波浪摆设计。

E 款裙型，在裙子原型基础上，底摆处加叠褶设计。

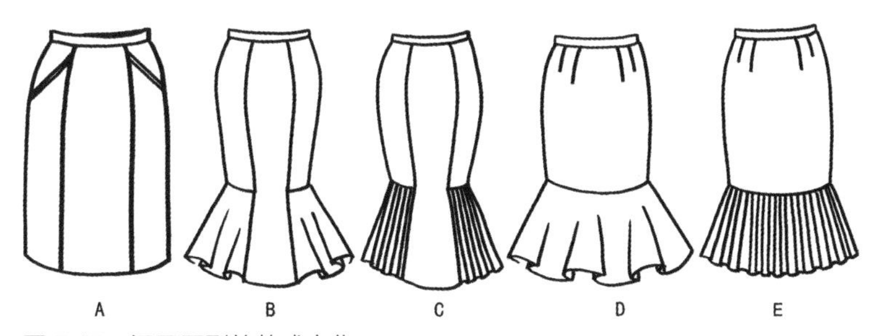

图 5.15　裙子原型的款式变化

【思考与实践】

尝试分析在裙子原型基础上，能变化出哪些裙子款式。

第四节　裙子原型变化 A 款裙型的制作

A 款裙型是在裙原型的基础上，将腰部的省道变化为公主线分割的裙子款式（参见图 5.15）。

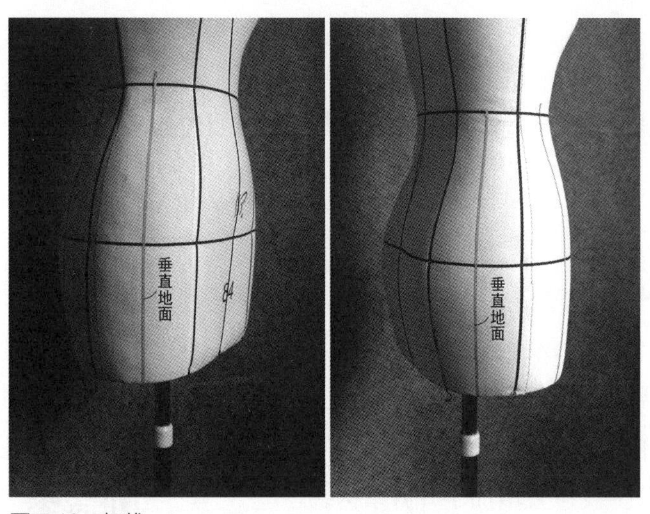

图 5.16 标线

一、人台标线

A 款裙型分割线取人台上前后公主线位置即可。在人台的前后公主线与侧缝线之间臀围线的二分之一处各标一条垂直于地面的目标辅助线，作为前后肋片的基础线。注意，这两条线段必须垂直于地面（图 5.16）。

二、胚布的准备

用软尺估算胚布尺寸。

胚布尺寸为：前中片，60cm × 20cm；前肋片，60cm × 20cm；后中片，60cm × 20cm；后肋片，60cm × 20cm。前中片标出前中心线、臀围线；前肋片标画目标辅助线、臀围线；后中片标出后中心线、臀围线；后肋片标出目标辅助线、臀围线（图 5.17）。

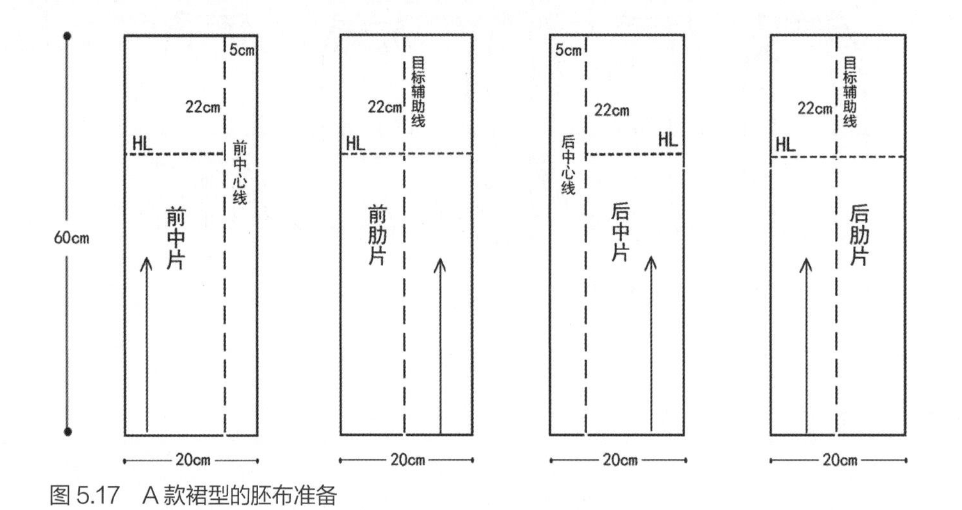

图 5.17 A 款裙型的胚布准备

三、A 款裙型的制作

1.制作前裙片

（1）取前中片，将前中心线、臀围线与人台对合，用大头针固定。A 款裙型与裙子原型裙型相同，同属于直筒裙裙摆垂直于地面，故制作全程中胚布臀围线与人台臀围线要始终保持重合。在前中片臀围线与公主线处留取 0.75cm 的松度（松度可根据季节情况自定）。抚平臀围线上下布料待用（图 5.18）。

（2）取前肋片，胚布臀围线、目标线与人台臀围线及身侧目标线对合固定。在臀围线上前公主线处留 0.75cm 松度。调整裙摆呈筒状与地面垂直，注意胚布与人台上的臀围线要始终保持重合（图 5.19）。

（3）别合前中片与前肋片，在前公主线处，别合前中片与前肋片，前中片压住前肋片，用折叠针法依前公主线造型线别合。别合时注意保持住两片臀围线上的松度（图 5.20）。

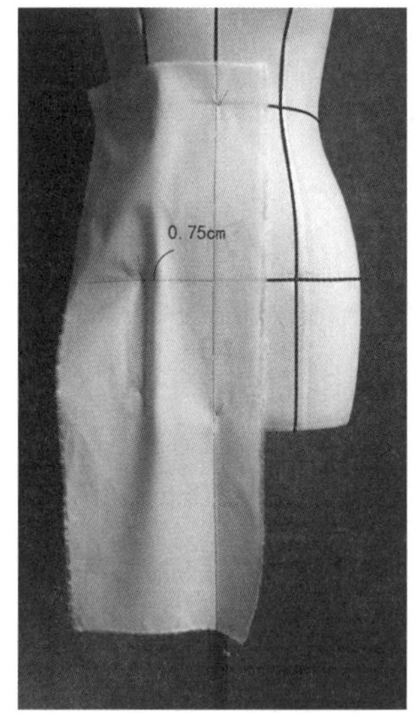

图 5.18 制作裙子前中片

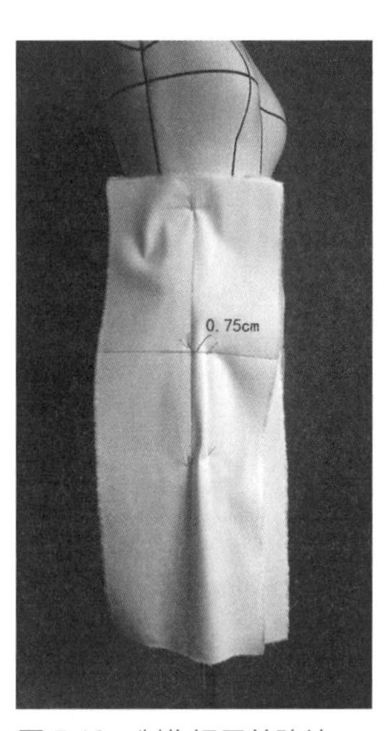

图 5.19 制作裙子前肋片

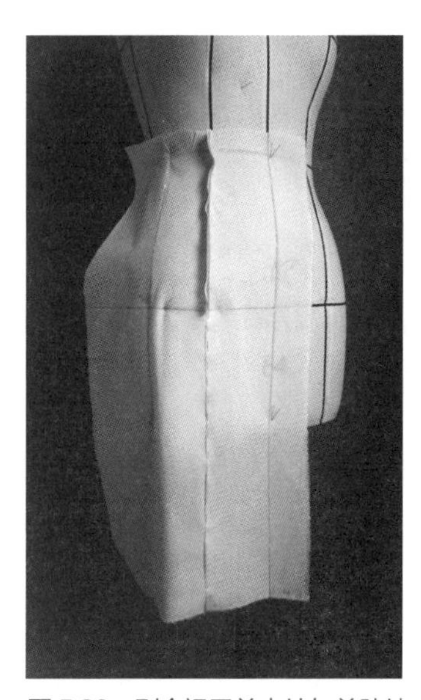

图 5.20 别合裙子前中片与前肋片

（4）整理前肋片侧缝处布料。前肋片臀围线以上布料，距侧缝一手掌宽度位置，用右手向侧缝处推抚面料，左手捏住布边向斜后方拉扯，将腰臀差量推向侧缝一些，推量不要过大。侧缝处基本还是平的只稍微鼓一些，鼓出的侧缝在缝制时可做缩缝处理（图 5.21）。

2.制作后裙片

（1）取后中片胚布，后中心线、臀围线对合固定。在臀围线后公主线处留取 0.75cm 的松度。抚平臀围线上下布料待用（图 5.22）。

（2）取后肋片，胚布臀围线、目标线与人台臀围线及身侧目标线对合固定。在臀围线上后公主线处留 0.75cm 松度。调整裙摆呈筒状与地面垂直，注意臀围线始终保持重合（图 5.23）。

（3）别合后中片与后肋片，在后公主线处，别合后中片与后肋片，后中片压住后肋片，用折叠针法依后公主线造型线别合。别合时注意保持住两片臀围线上的松度。同前肋片一样整理后肋片侧缝处面料，用手将臀围线上布料向侧缝线外推抚，臀侧缝线处稍微鼓些（图 5.24）。

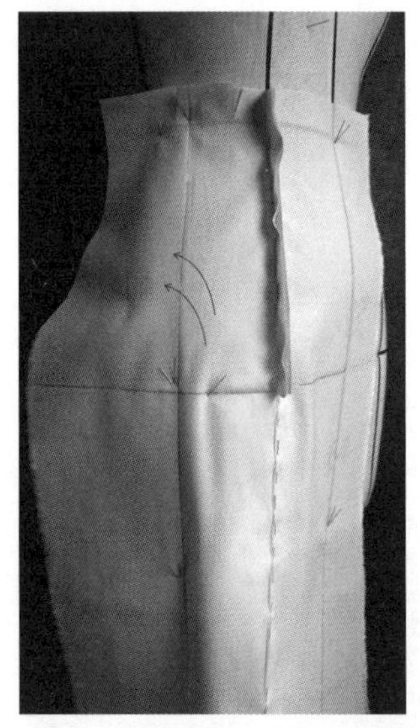
图 5.21　制作整理前肋片侧缝线

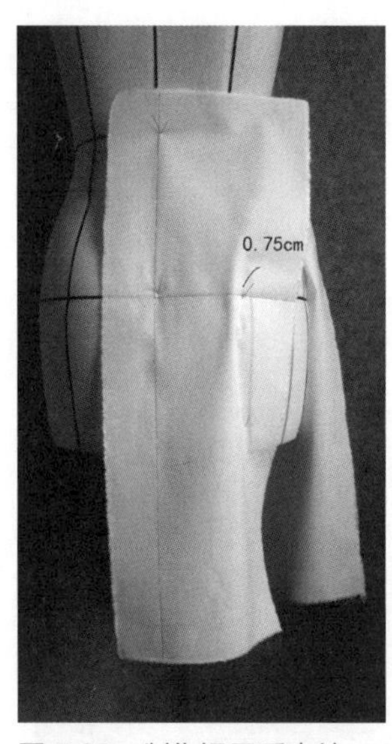

图 5.22　制作裙子后中片

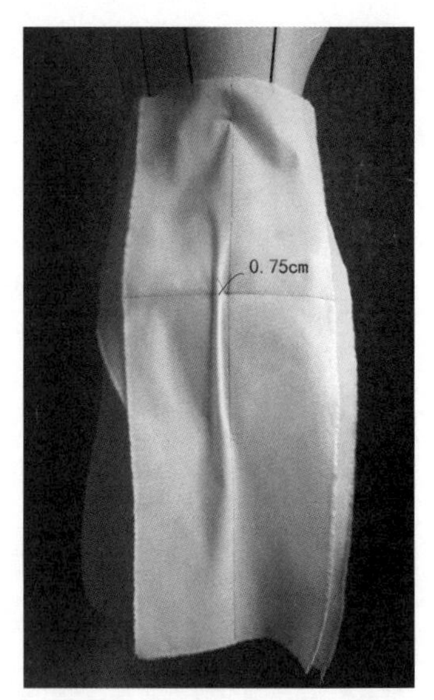

图 5.23　制作裙子后肋片

3.别合前后裙片

前后裙肋片的臀围线对上，注意前后松度保持住。臀围线缝份处打剪口，剪口开到侧缝线处。臀围线以上的侧缝线顺人体弧度用抓别针法别好。臀围线以下的侧缝线用折叠针法，前片卷进压住后片别好。别合时一定注意臀围线以下的裙侧摆要与地面垂直，从正面、侧面、背面看均呈 H 型，不要呈 A 型或铅笔裙型。再将臀围线以上的侧缝线用笔标线，然后打开别针，用折叠针法前片压住后片别合（图 5.25）。

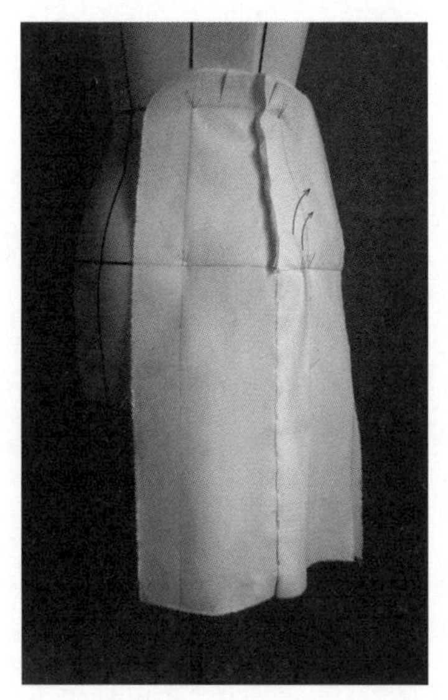
图 5.24　别合裙子后中片与后肋片

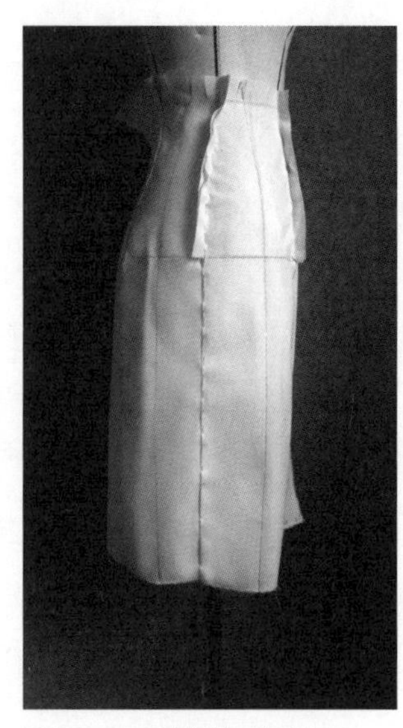
图 5.25　别合前后裙片

4.完成，标线

再次审视裙型，从正面、侧面、背面观察整体裙子的裙型是否呈 H 型并与地面保持垂直，裙子的整体松度是否合适。裙子形态观察满意后，叠别裙摆制作腰带并与裙子别合。在合适位置标出裙兜位置，最后用笔将裙子结构线标画出来(图 5.26)。

拓板得到裙子原型的平面板型(图 5.27)。

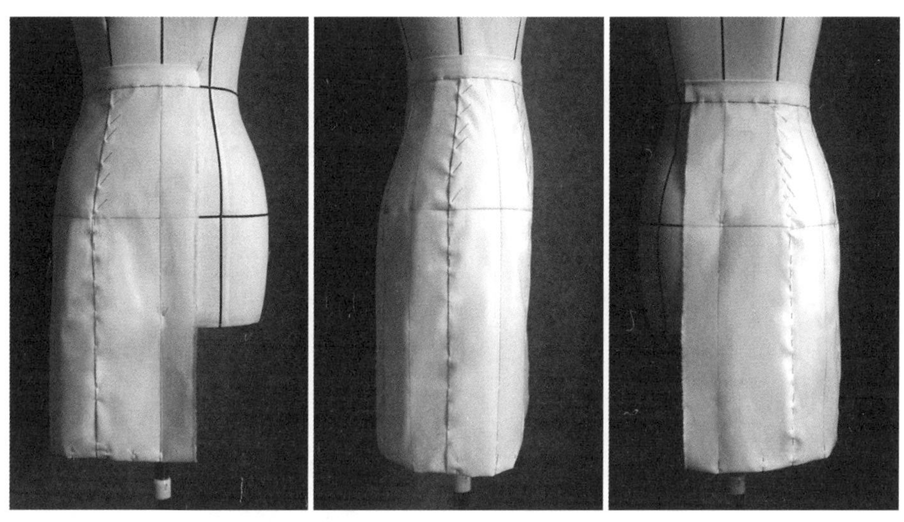

图 5.26　完成裙子原型的立体制板

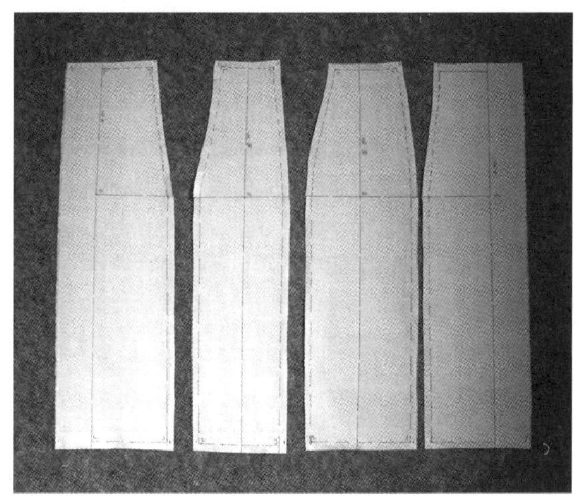

图 5.27　裙子原型的平面板型

【思考与实践】

学生根据教师的授课内容，进行 A 款裙型的立体裁剪操作技巧训练。

CHAPTER SIX

第六章
第一部分最终提交作业

第一节 服装作品的比例审美要求

完整的服装设计作品，不仅要有优良的设计、准确的板型、精湛的缝制工艺，而且要具有合适的比例关系，这就要求设计师具有敏锐的审美能力。在服装制作过程中，设计师要始终注重服装的比例美，从人台结构标线起至服装立裁打板结束，比例关系贯穿始终。

作业通常为上下两件套，上衣原型变化和裙子原型变化。在打板时，应注意上下两件套的比例关系，切忌视觉上一般长短。应参照黄金分割，上短下长的比例关系更能满足人们的视觉审美要求。

优美的比例关系是服装设计制作的前提，在服装专业本科四年的学习中应始终着重培养学生良好的审美感觉与审美习惯，并将其贯彻始终。

第二节 最终作业的要求

作业内容：做一套上身与裙子组成的套装。

作业要求：

（1）上身部分可以是所学过的原型的省道变化，也可以自己设计省道位置。

（2）裙子部分可以是所学过的裙子原型，也可以进行变化。

（3）用所学过的手缝工艺技术，缝制出完整的服装作品。

（4）坯布的母板、牛皮纸的拓板。

第三节 作业样例

课程优秀作业如图 6.1 至图 6.3 所示。

【作业样例】

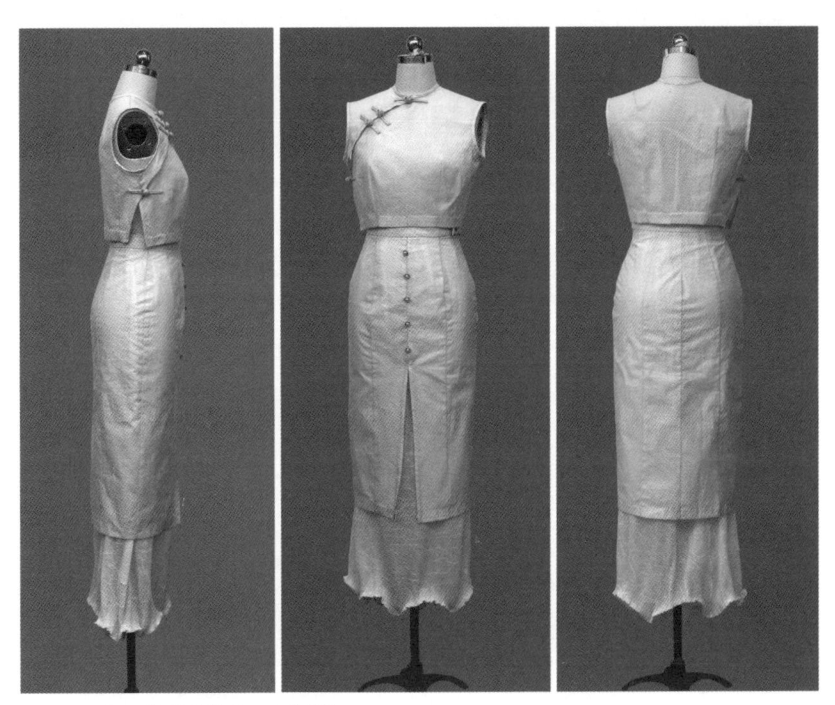

图 6.1　优秀作业 | 作者：吕泓汶

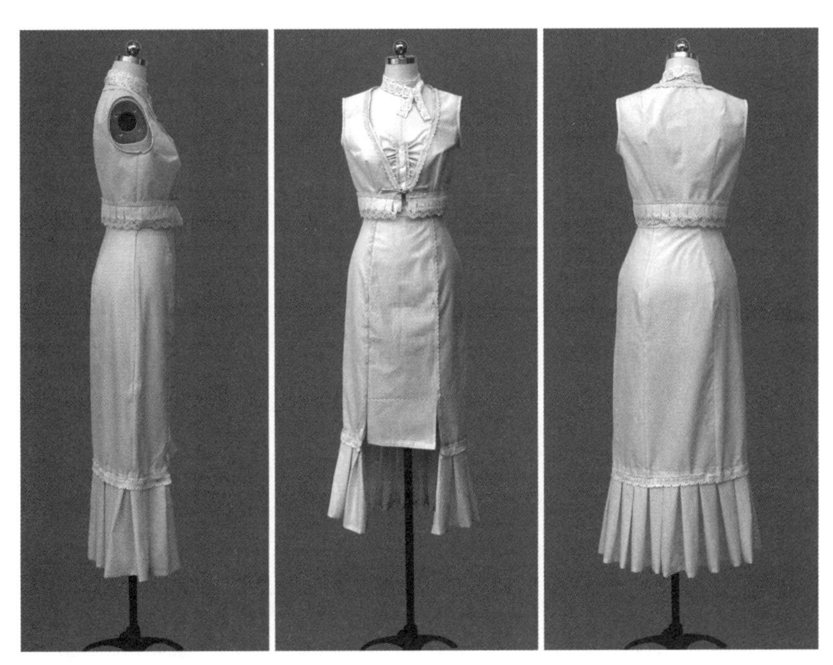

图 6.2　优秀作业 | 作者：陈瑞瑶

图 6.3　优秀作业 | 作者：张铂雨

第二部分

CHAPTER SEVEN

第七章
服装的“空间”概念

第一节　服装与人体的关系

服装穿着于人体之上，是为人体服务的，故人体的舒适度、美观度是服装设计制作时首要考虑的前提，立体裁剪技术也不例外。运用立体裁剪技术进行服装打板，能够更直观、更有效地观察服装穿着在人体之上的状态，对服装的松度、空间状态、比例等能够进行随时的调整与设计。这是平面裁剪技术无法企及的。

第二节　服装的放松量

为了满足服装的舒适度，在服装打板时应对人体必要的活动量有相应的设计，如立体裁剪操作中 BP 点的 1cm 松度，侧缝线处 1.5cm，0.7cm 松度的加放，肩胛骨 1cm 的松度及裙子原型中臀围线 1 ～ 1.5cm 松度的加放等，都是对人体活动量的追加，不能被忽略。在打板设计时，应根据所做服装的款式、穿着季节、活动情况酌情的加入放松活动量，而不是死记硬背、不知变通。

第三节　服装与人体之间的“空间”状态

服装与人体之间的“空间”状态是一个既抽象又实际存在的现象。这种空间状态可以使服装的形态更加优美、板型更加高端，如做成衣时的箱型结构就属于这种空间状态。另外，根据服装的不同款式，空间状态也是多样的，服装的不同部位也不同程度地存在空间状态，如领子、衣身、裙子、裤子等。服装绝不是紧贴在人体之上，而是与人体之间存在空间形态，在制板时要善于塑造、发现适当的空间状态。

CHAPTER EIGHT

第八章
基本裙子的制作

第一节　裙子的构成原理及裙子的功能性

第一部分讲述了裙子原型（直筒裙）的制作方法，第二部分将讲述更多的裙型制作方法。要善于总结各种裙型的制作方法，并能够举一反三，将所学到的技术技巧应用到更广泛的服装款式设计制作中去。

在第一部分，对裙子的构成原理及功能性进行了阐述，即臀腰差的腰省及裙子的活动量，这是设计制作裙子时必须考虑的因素。

第二节　裙子制作的重难点

裙子制作的重点是裙型的把握，如 A 型、H 型、大喇叭型、气球型等，要将裙型的特点制作出来。另外，裙子的放松量、腰省及褶皱的方向、裙子侧摆“峰”与“谷”的把握都是裙子制作的重难点。特别要注意，裙子的侧缝线要与地面保持垂直，裙子的外轮廓形与人体结构的关系，人体与裙子的“空间”的掌握尺度。

第三节　小斜裙的制作

小斜裙也叫 A 型裙，裙型呈向外散开的 A 字形，是生活中常见的裙型款式。这款裙型没有开衩，裙摆的宽度要足够保证行走。

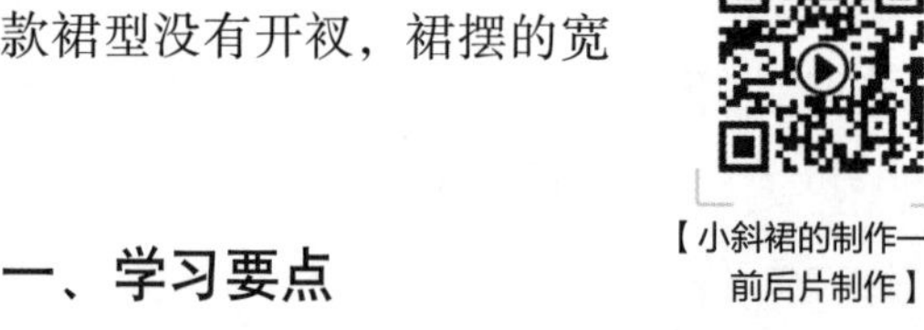

【小斜裙的制作——前后片制作】

【小斜裙的制作——合片画线完成】

一、学习要点

学习目的：掌握小斜裙外轮廓斜度与人体结构的关系及小斜裙的制作方法。

制作重点：小斜裙外轮廓斜度的制作，小斜裙的松度把握。小斜裙侧缝线要与地面保持垂直。

制作难点：小斜裙外轮廓斜度程度的掌握，小斜裙前、后片侧摆“峰”与“谷”的把握，前后片侧缝的位置在谷底并与地面垂直。

小斜裙造型的款式特点如图 8.1 所示。

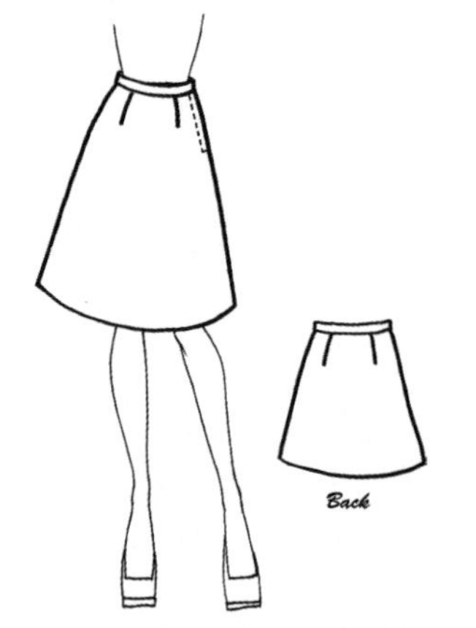

图 8.1　小斜裙造型的款式特点

二、小斜裙的制作方法

1.胚布的准备

用软尺估算胚布尺寸，前片长度（经纱方向）：上取过腰围线 4cm，下取过所设计的裙长 4 ～ 5cm。宽度（纬纱方向）：比预估小斜裙的侧摆宽度多出 10cm。后片估算方法同前片一致。

尺寸为：前裙片 60cm（经纱方向）× 45cm（纬纱方向）；后裙片 60cm（经纱方向）× 45cm（纬纱方向）。

将撕扯好的胚布进行整熨调整纱向，并标出基础线前、后中心线、臀围线（图 8.2）。

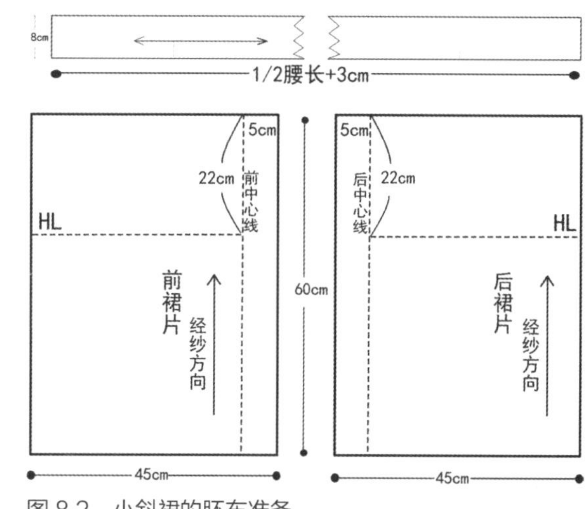

图 8.2　小斜裙的胚布准备

2.前裙片的制作

（1）标线，在前后公主线上将省道的长度标出（图 8.3）。

（2）将前裙片的前中心线、臀围线与人台基础线对合别好。在臀围线处留取适当松度 1.25cm，将松度分散在前裙片中。按箭头方向用手将面料向臀围线胯部侧缝处推抚。调整裙摆的斜度，斜度不应过小，要保证裙摆宽度够行走的活动量。由于所需的斜度，胚布臀围线会下移（图 8.4）。

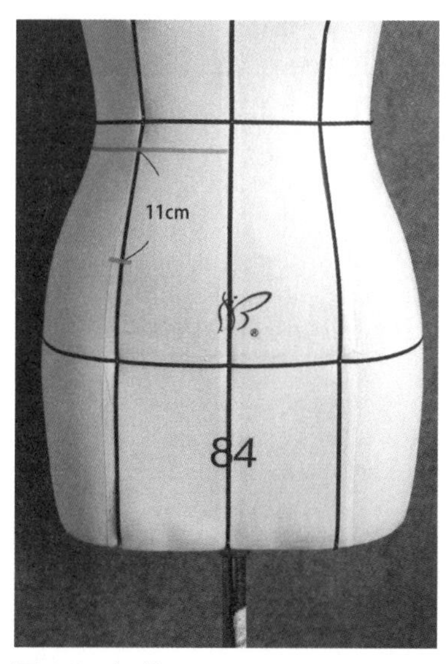

图 8.3　标线

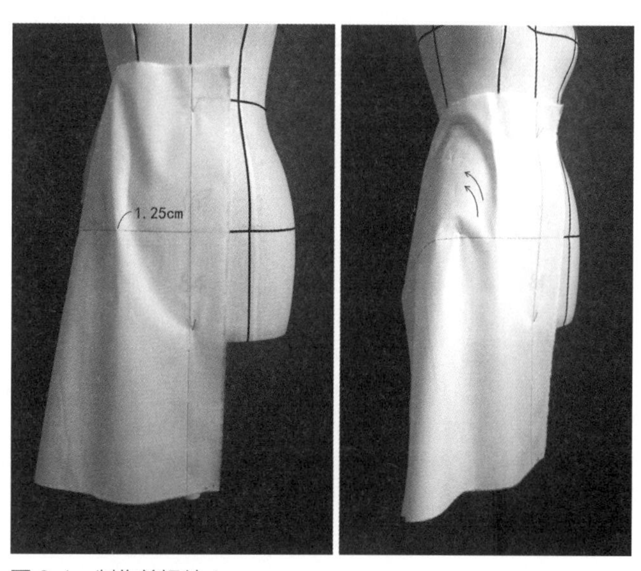

图 8.4　制作前裙片 1

（3）将腰围线处剩余的腰臀差量捏取省道，位置在前公主线处，长度为11cm，省道形态随人体曲线呈放射状，用大头针别合。为了使面料与人台服帖，腰围线以上布料可以开剪口，注意剪口不要开在省道上（图8.5）。

（4）确定前裙片形态，是否做出理想的斜度，省道是否合适、服帖。侧缝线要与地面保持垂直。将前片翻过，制作后片（图8.6）。

3.后裙片的制作

（1）将后裙片的后中心线、臀围线与人台基础线对合别好。在臀围线处留取1.25cm的松度，并分散在后裙片中。同前裙片制作方法一样，用手将面料向胯部推抚。后裙片的斜度应比前裙片稍小一些（图8.7）。

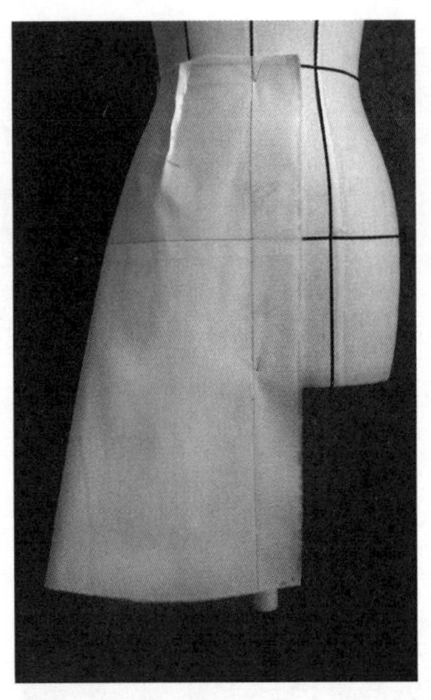

图8.5 制作前裙片2

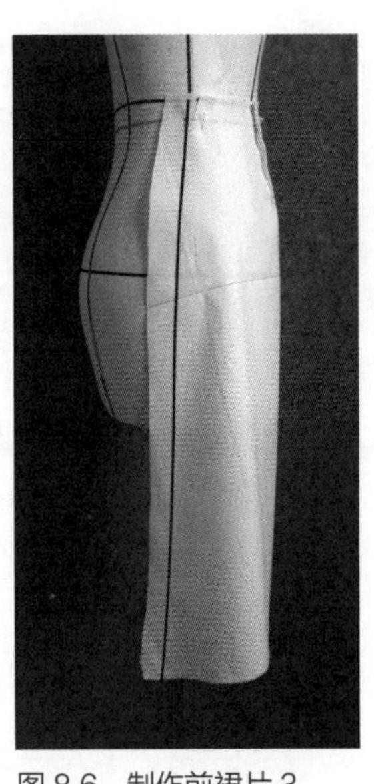

图8.6 制作前裙片3

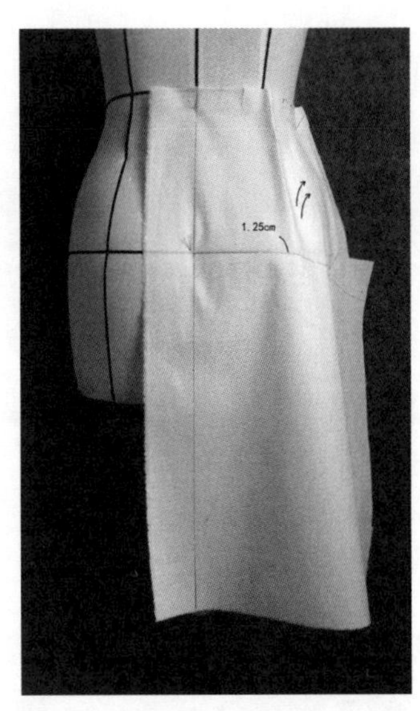

图8.7 制作后裙片1

（2）将腰围线处剩余的腰臀差量捏取省道，位置在后公主线处，长度比前片省道略长一些，用大头针别合。为了使面料与人台服帖，腰围线以上布料可以开剪口，注意剪口不要开在省道上（图8.8）。

（3）确定后裙片形态，是否做出理想的斜度，省道是否合适、服帖（图8.9）。

4.别合前后裙片

用大头针折叠针法别合前后裙片，前片压住后片（图8.10）。

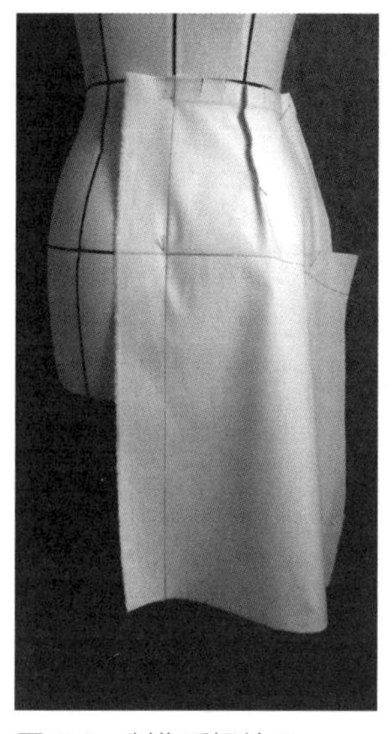

图 8.8　制作后裙片 2

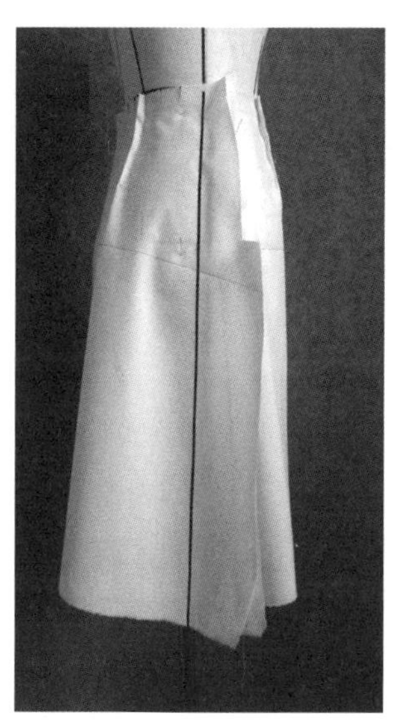

图 8.9　制作后裙片 3

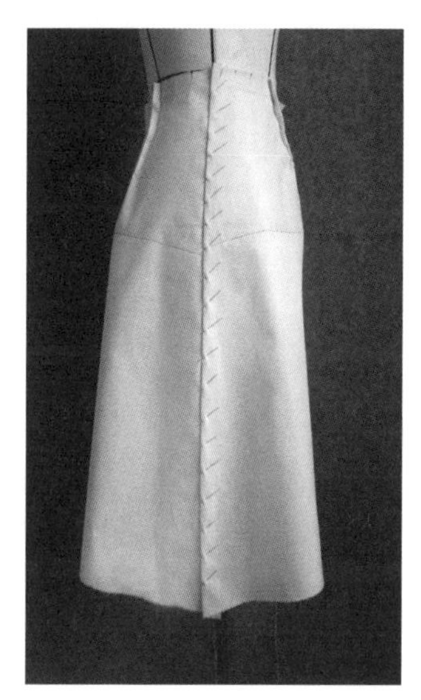

图 8.10　别合前后裙片

5.确定裙子最终形态并折叠裙摆、绱腰带

别好后，从前面、背面、侧面观察裙子造型，注意裙摆斜度的平衡。裙子形态观察确定后，用尺从地面向上量取裙长，并折叠纵向别针固定。

绱腰带，腰带长度为二分之一腰围加 10cm，宽度为 8cm，折叠熨烫。将折熨好的腰带与裙子别合（图 8.11）。

拓板，得到小斜裙的平面板型（图 8.12）。

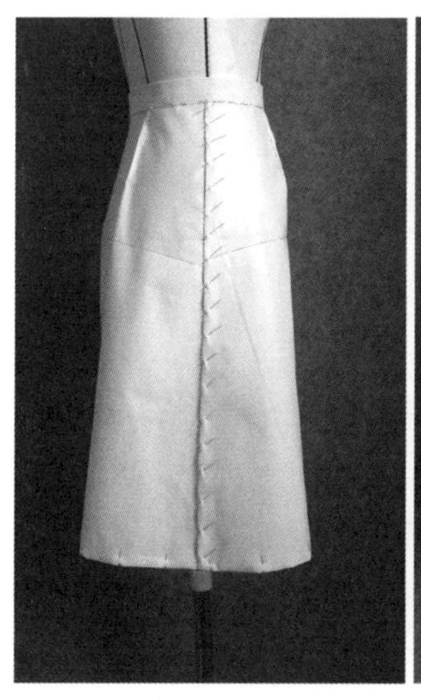

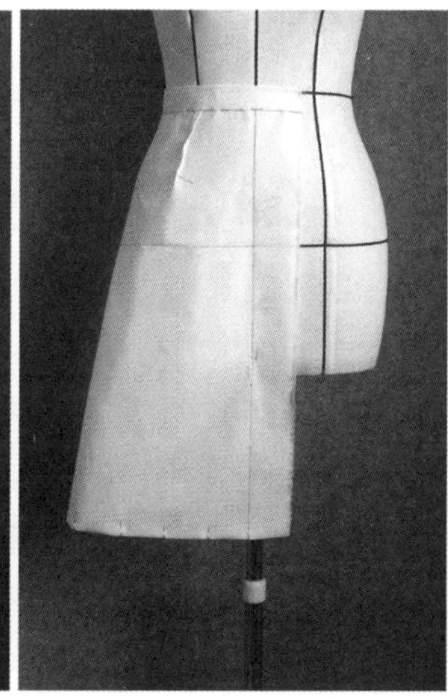

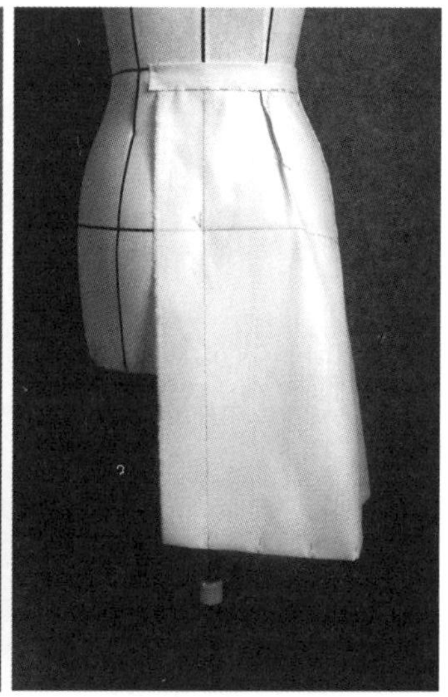

图 8.11　完成小斜裙的立体制板

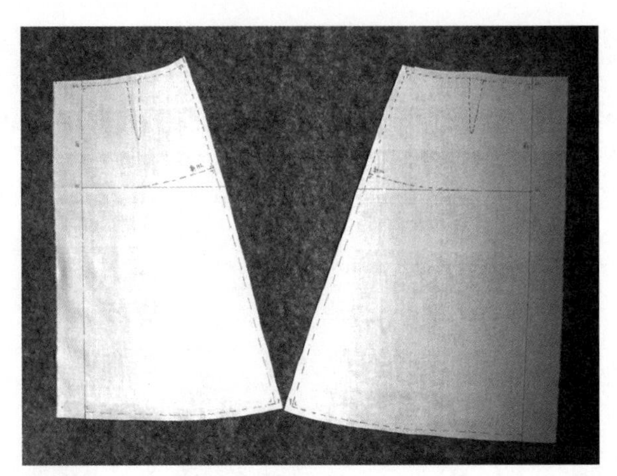

图 8.12　小斜裙的平面板型

【思考与实践】

学生根据教师的授课内容，进行小斜裙造型的立体裁剪操作技巧训练。

【大喇叭型裙（大斜裙）的制作——前片制作】

【大喇叭型裙（大斜裙）的制作——后片制作及完成】

第四节　大喇叭型裙（大斜裙）的制作

大喇叭型裙又叫大斜裙、波浪裙或 360° 圆桌裙，特点为腰部无省道，下摆有大褶浪。大喇叭型裙使用布幅较大，底摆为 360° 圆摆，斜丝纱向使裙摆褶浪飘逸、优美。

一、学习要点

学习目的：理解斜丝面料在服装造型中的呈现效果及大斜裙制作方法在服装其他部位的变化应用。

制作重点：大斜裙褶浪个数、位置的确定及褶浪的制作，保证各褶浪均等。大斜裙裙侧摆“峰”与“谷”的把握，侧缝线的位置。

制作难点：腰部面料要求平整无松度、褶浪的位置及褶量均等。

大斜裙造型的款式特点如图 8.13 所示。

图 8.13　大斜裙造型的款式特点

二、大喇叭型裙的制作方法

1.胚布的准备

因为大斜裙使用面料较多，故取 90cm 正方形胚布两块，分别作为前后裙片。经纱方向作为裙片前后中心线（图 8.14）。

将两块正方形胚布如图方法进行粗裁（图 8.15）。

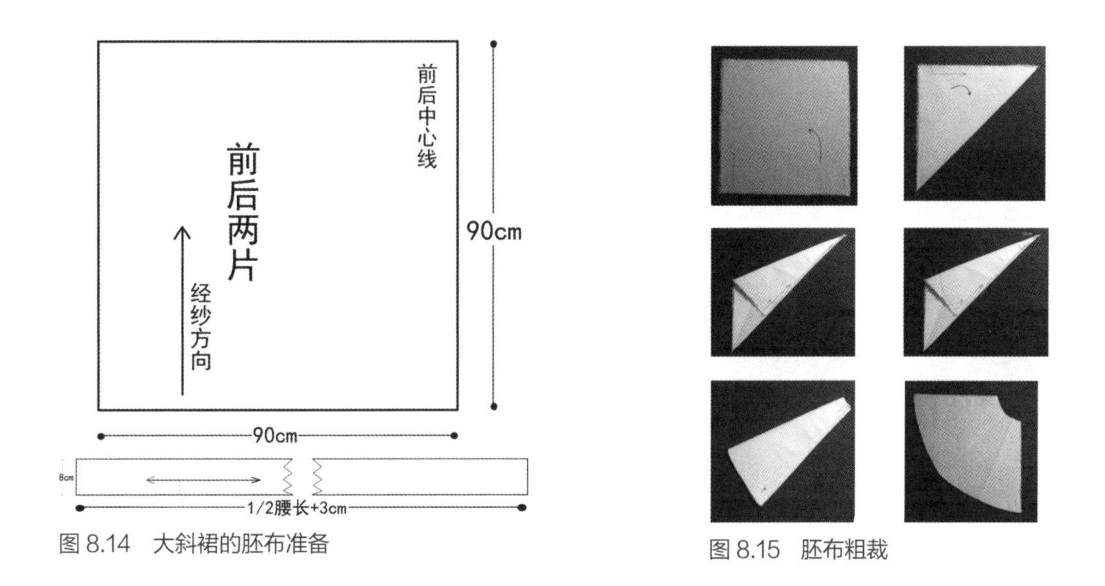

图 8.14　大斜裙的胚布准备

图 8.15　胚布粗裁

2.人台标线

将腰围线下降 2cm，用标志带在人台上标出。根据所设计的裙摆褶浪，在新腰围线上将前后裙摆的褶浪个数及褶浪位置用标志带标出。这里设定为前片 4 个褶浪，后片 4 个褶浪（图 8.16）。

3.制作前裙片

（1）将布边（经纱方向）直接对准前中心线，腰围上的布料多留些（图 8.17）。

（2）将腰围线以上的布拽直，根据褶浪的位置，将腰围线上的布垂直剪下，剪至腰围线或距腰围线 0.5cm 处（图 8.18）。

（3）剩余的布按箭头方向往下掼，布料越掼向前褶浪越大，越往后褶浪越小，根据需要调整所需要的褶浪量。褶浪确定后，用大头针在腰围线剪口位置插对针固定。依次将前片 4 个褶浪掼出并固定（图 8.19）。

（4）注意 4 个褶浪的量在视感觉上应该一致，并在一个水平面上。如果没有达到标准，则重新调整固定（图 8.20）。

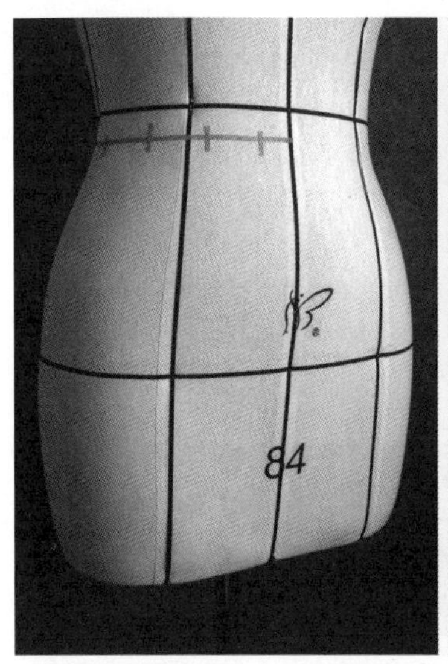

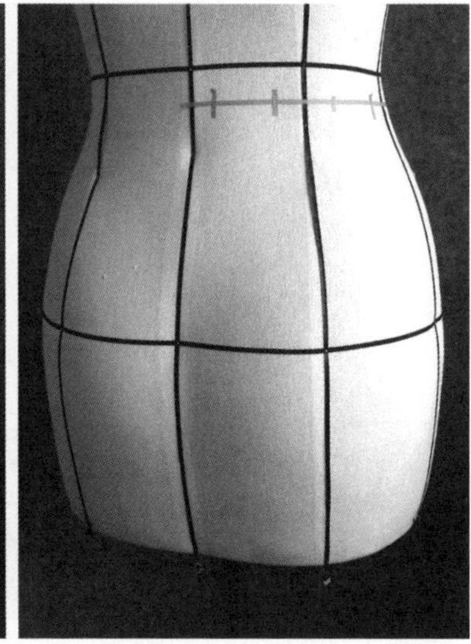

图 8.16 标线

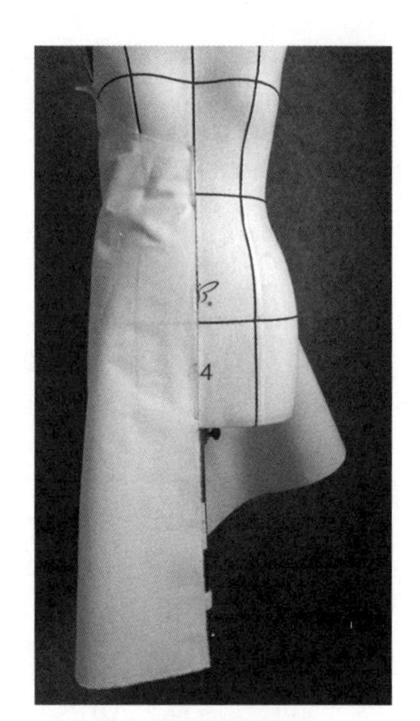

图 8.17 制作前裙片 1

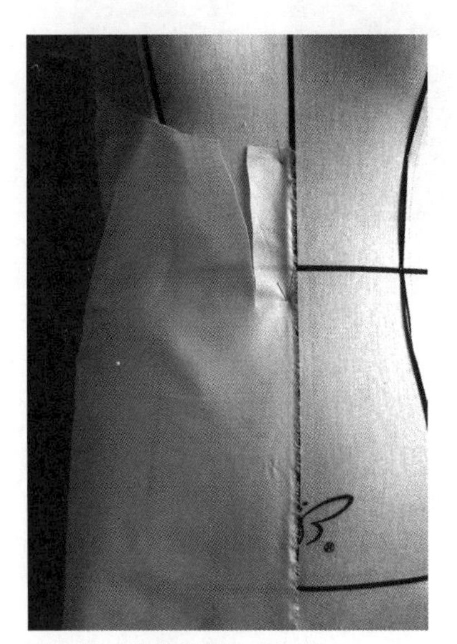

图 8.18 制作前裙片 2

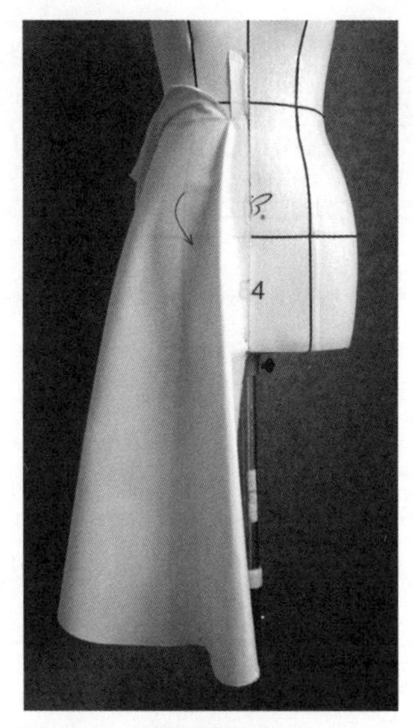

图 8.19 制作前裙片 3

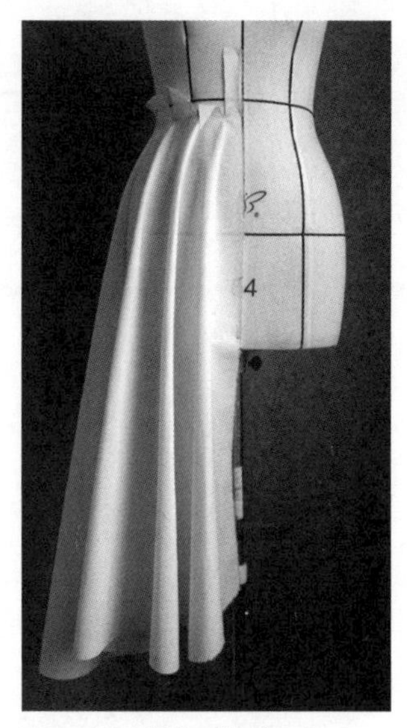

图 8.20 制作前裙片 4

（5）在做前片最后一个褶浪时，应注意侧缝线应在褶浪的谷底（图 8.21）。

4.制作后裙片

（1）将布边（经纱方向）直接对准后中心线，褶浪的制作方法与前片一致（图 8.22）。

（2）后片褶浪形态确定后，将侧缝线贴出，同前片一样侧缝线应在后片最后一个褶浪的谷底（图 8.23）。

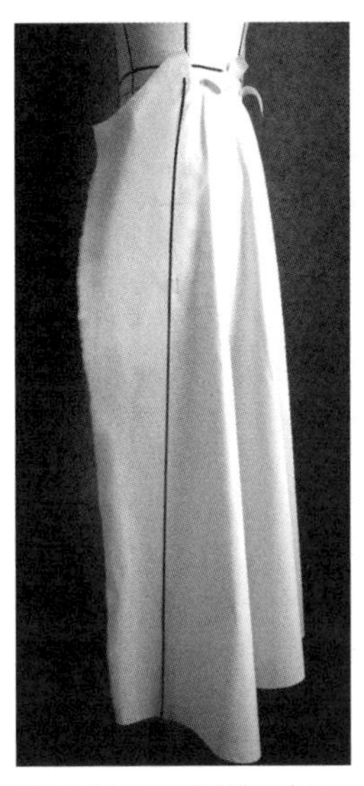
图 8.21　制作前裙片 5

图 8.22　制作后裙片 1

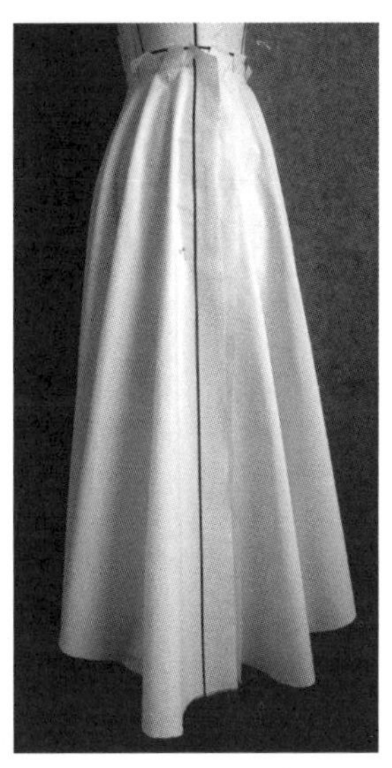
图 8.23　制作后裙片 2

5.别合前后裙片

将前后侧缝处多余的布料粗裁，将前后片在侧缝处用折叠针法别合，前片压后片（图 8.24）。

图 8.24　别合前后裙片

6.观察裙子形态、叠别并绱腰带

前后裙片别合后，从正面、背面、侧面观察裙子整体形态。注意腰部面料是否服帖没有余量，裙摆各个褶浪的褶量是否均匀，各褶浪的高峰是否在一个平面上。

裙子形态确定后叠别下摆，由于大斜裙用料多且多为斜丝纱向，故裙摆易下垂变形。为了得到最准确的斜裙下摆，可以将做好的大斜裙板型在人台上放置一天，使纱向完全下垂后，再用尺从地面向上量取裙长，用大头针纵向别合。

采用前述小斜裙的制作方法绱腰带。最后，将裙子结构用笔标线，完成大斜裙的立体制板（图 8.25）。

拓板，得到大斜裙的平面板型（图 8.26）。

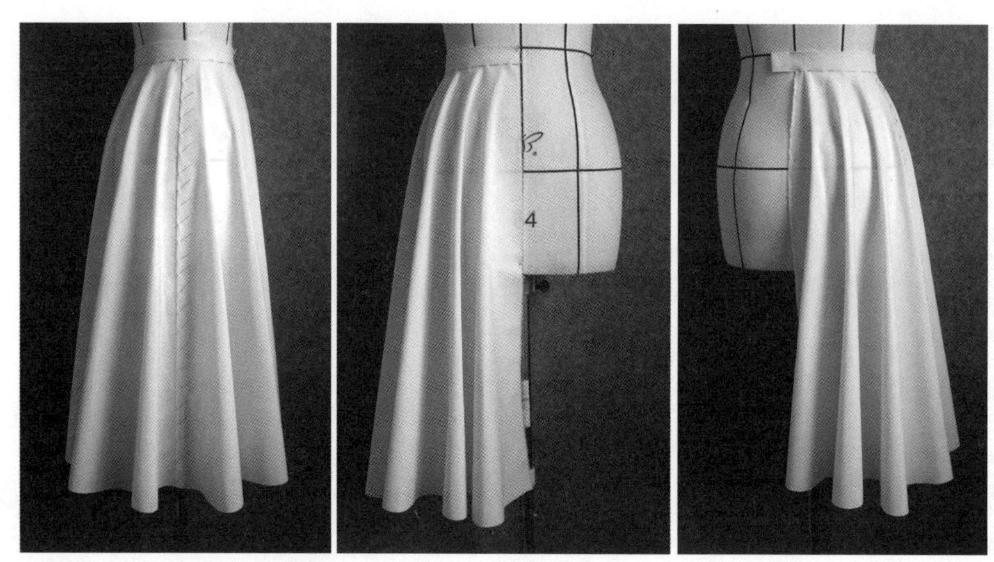

图 8.25　完成大斜裙的立体制板

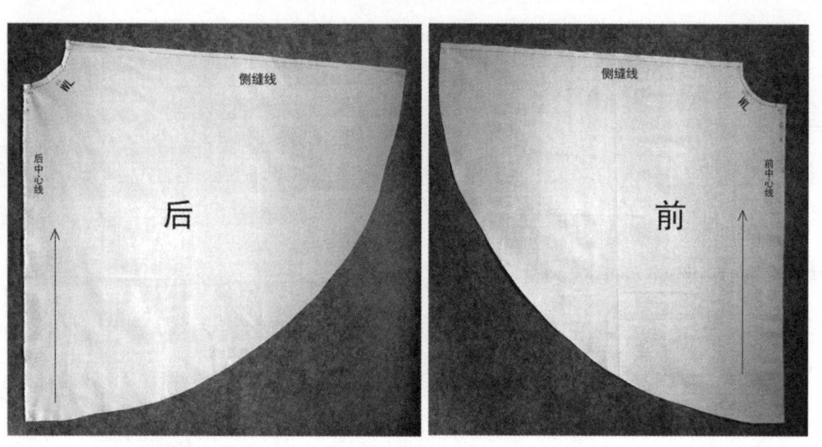

图 8.26　大斜裙的平面板型

【思考与实践】

学生根据教师的授课内容，进行大斜裙造型的立体裁剪操作技巧训练。

【约克裙的制作——前片制作】

【约克裙的制作——后片制作及完成】

第五节　约克裙的制作

约克裙，即裙腰处有约克拼接，并在拼接处下接褶皱的裙型。制作约克裙时，要注意裙子各部位的比例关系。

一、学习要点

学习目的：掌握裙子单方向叠褶的操作技巧及褶与人体结构的关系。掌握约克裙的制作方法。

制作重点：约克裙褶的饱满程度，视觉上褶的间距要求一致。在褶与人体结构的关系方面，褶的斜度在胯骨处与人体骨盆斜度一致。

制作难点：视觉上褶的间距保持一致的操作及公主线至侧缝处褶的斜度把握。制作过程中，面料臀围线始终与人台臀围线保持重合。

约克裙造型的款式特点如图 8.27 所示。

图 8.27　约克裙造型的款式特点

二、约克裙的制作方法

1.人台标线

腰围线下降 1.5cm。根据约克裙的款式，在人台上标线。将约克在人台前后的结构线用标志带标出。标好线后从人台的正面、后面、侧面观察标线的比例是否合适（图 8.28）。

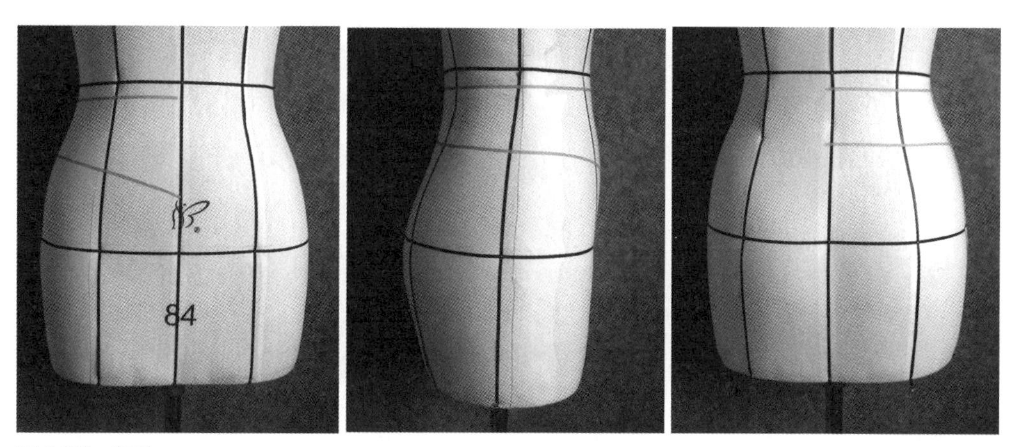

图 8.28　标线

2.胚布的准备

（1）用软尺估算面料，因为裙子前后有约克造型，故应估算出前后约克及前后裙片所需的面料尺寸。

（2）估算下裙宽度（纬纱方向）尺寸时，应把叠褶量算进去，宽度尽量留够。

胚布尺寸为：前约克，25cm（经纱方向）×33cm（纬纱方向）；后约克，20cm（经纱方向）×30cm（纬纱方向）；前裙片，56cm（经纱方向）×66cm（纬纱方向）；后裙片，56cm（经纱方向）×66cm（纬纱方向）。

（3）前后约克胚布上标出前后中心线基础线。前后裙片胚布上标出前后中心线、臀围线基础线（图8.29）。

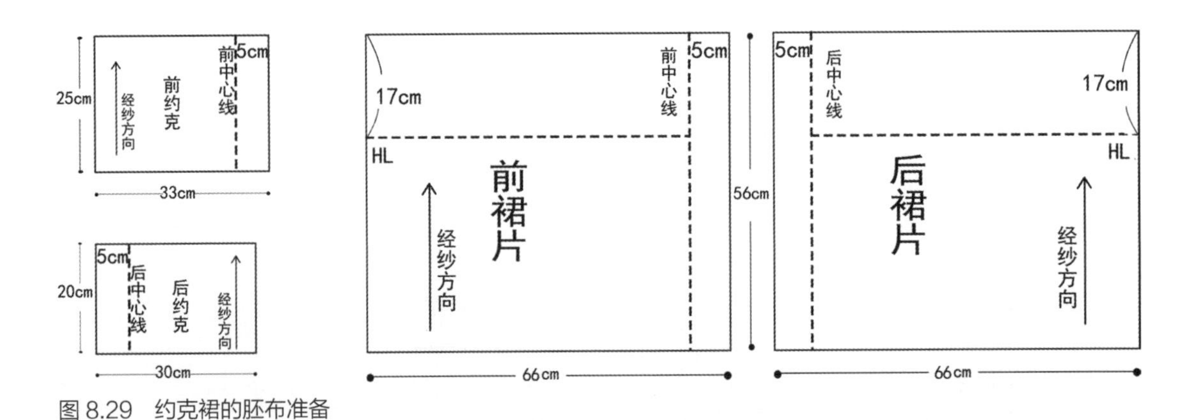

图8.29　约克裙的胚布准备

3.前约克的制作

（1）胚布前中心线与人台前中心线重合，胚布上布边过人台腰围线3～4cm。按箭头方向，将布料向侧缝处推抚，腰围线上布料打剪口（图8.30）。

（2）将腰臀余量全部推出侧缝线外，腰部不留余量。在推抚面料时，在约克下边缘位置面料往回送，留取0.7cm松度（为了制作下褶皱裙时留的覆盖余量）（图8.31）。

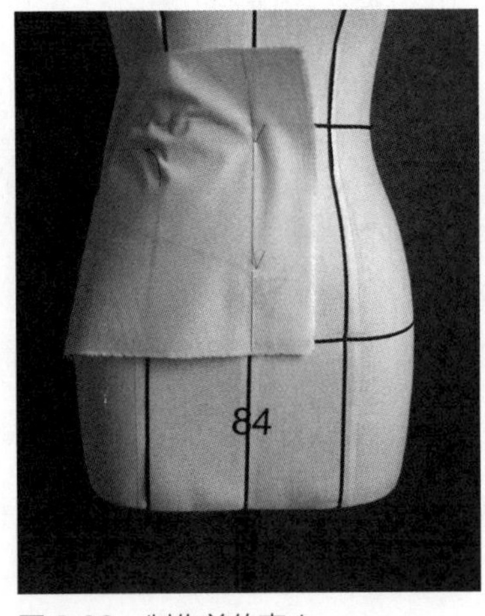

图8.30　制作前约克1

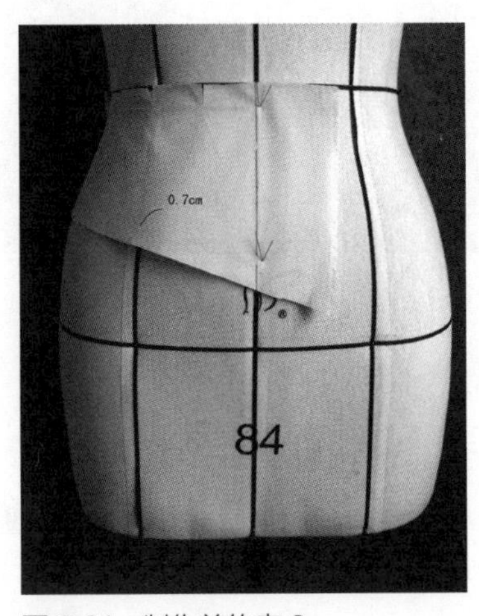

图8.31　制作前约克2

4.后约克的制作

（1）同前片做法一样，与后中心线对合，面料向侧缝推抚再往回送，下边缘留 0.7cm 松度。腰部无余量（图 8.32）。

（2）前后两小片在侧缝处用抓合针法别好，注意前后 0.7cm 松度保持住。别好后将约克翻上去，制作下裙片（图 8.33）。

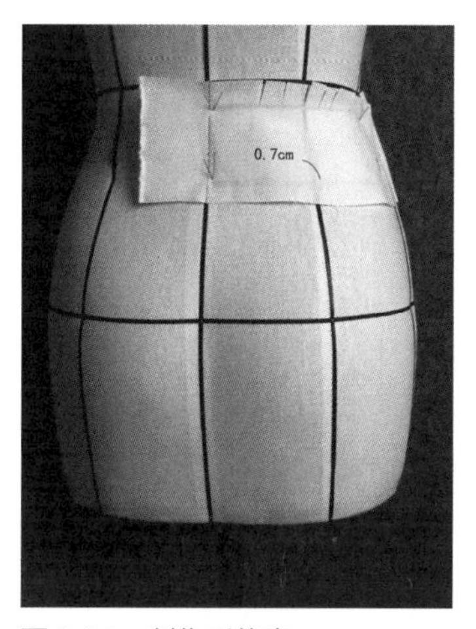

图 8.32 制作后约克

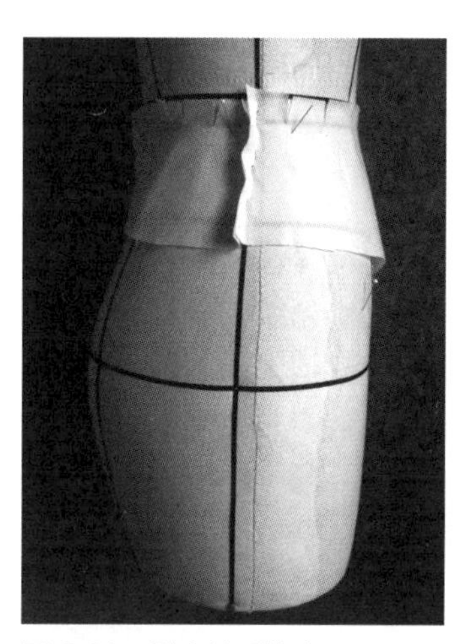
图 8.33 别合前后约克

5.前裙片的制作

（1）前中心线、臀围线对合别好。叠取褶皱，约克裙的褶皱可以为单方向叠褶，也可以缝线抽褶及做成褶裥式，褶的形式可以多种多样，根据设计需要制作。这里介绍的为单向叠褶形式（图 8.34）。

（2）在约克与裙片连接处叠褶，向前中心线方向单向叠褶。注意，视觉上褶的间距要一致。第一段褶在前中心线与公主线之间，此段褶皱与臀围线、地面垂直。叠褶时，注意臀围线保持重合（图 8.35）。

（3）第二段褶在前公主线至侧缝线之间，此段褶随人台胯部形态稍微向外倾斜，注意臀围线保持重合（图 8.36）。

6.后裙片的制作

后裙片的制作方法同前裙片制作方法一致，向前中心线方向单向叠褶。后中心线与后公主线间的褶与臀围线、地面保持垂直。后公主线至侧缝线间的褶随人台形态向外倾斜（图 8.37）。

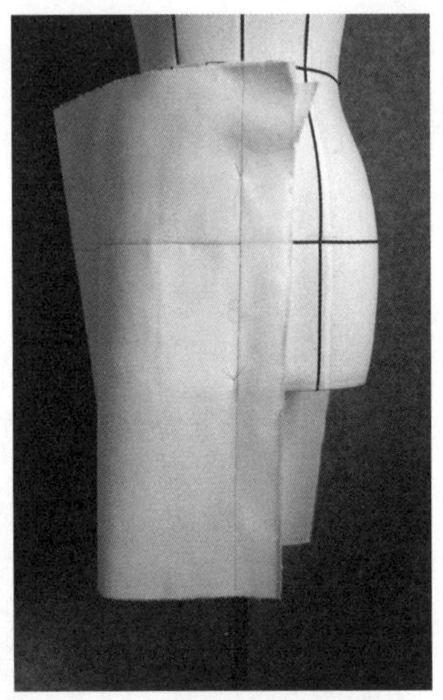

图 8.34　制作前裙片 1

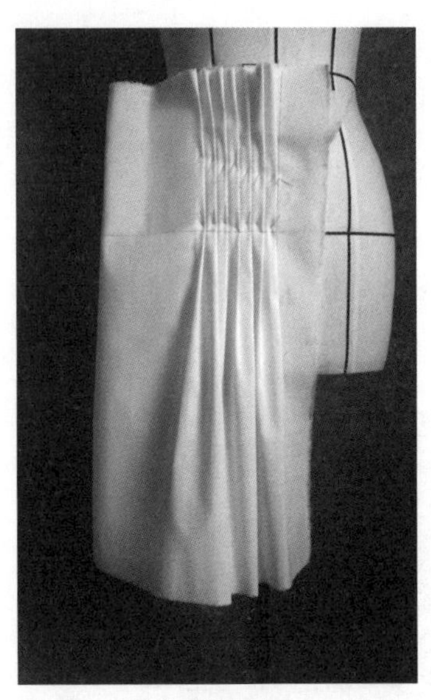

图 8.35　制作前裙片 2

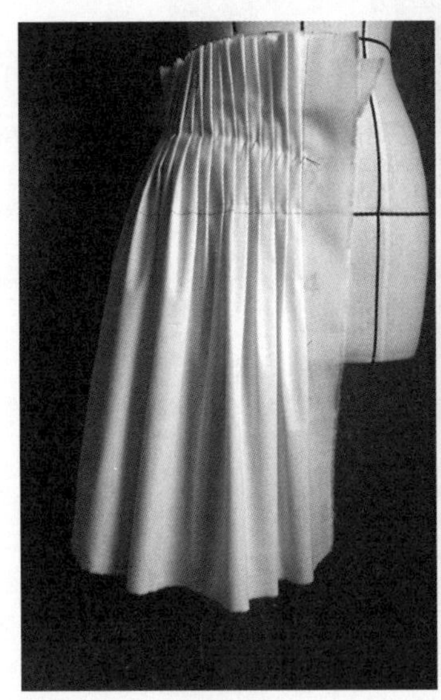

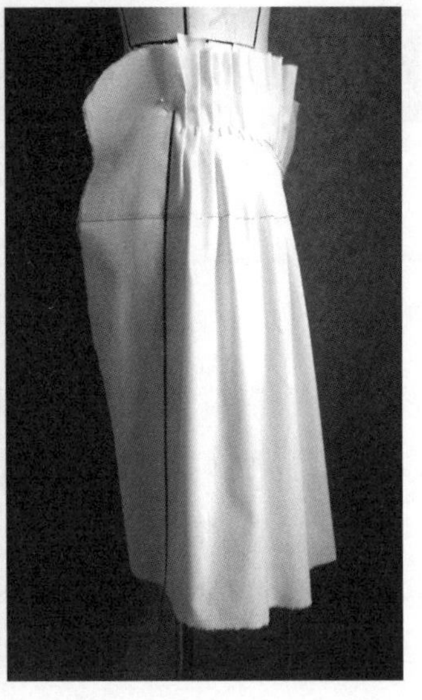

图 8.36　制作前裙片 3

图 8.37　制作后裙片

7.别合前后裙片

将前后裙片侧缝线处多余的布料粗裁，用折叠针法斜向别针将前后裙片别合，前片压后片。前后裙片臀围线对齐（图 8.38）。

8.观察裙子形态，叠别底摆，标线完成

下裙片造型确定后，将上约克翻下来，与下裙片别合。从正面、背面、侧面观察裙子

图 8.38 别合前后裙片

形态，褶间距、褶量是否均匀，前后公主线至前后中心线褶是否与地面垂直，前后公主线至侧缝线处褶是否随人台胯部形态向外倾斜。

形态确定后用尺从地面向上量取裙长，纵向别针固定。最后，用笔标线完成约克裙的立体制板（图 8.39）。

拓板，得到约克裙的平面板型（图 8.40）。

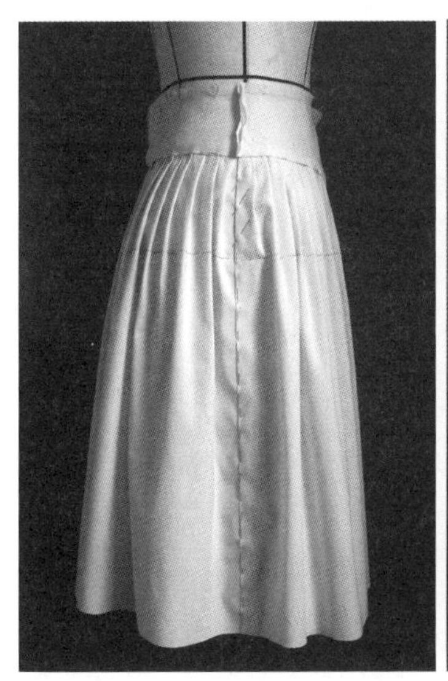

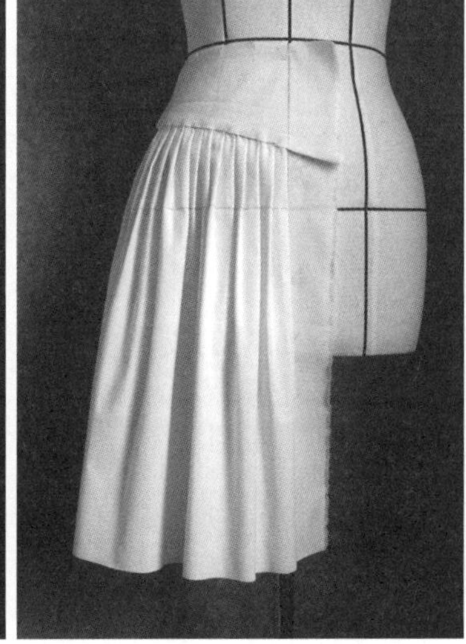

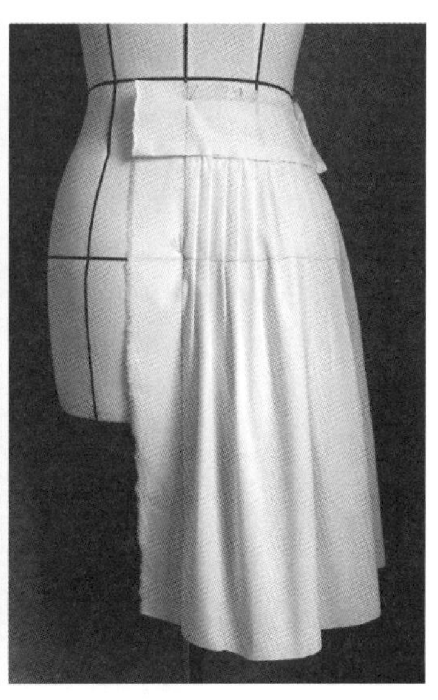

图 8.39 完成约克裙的立体制板

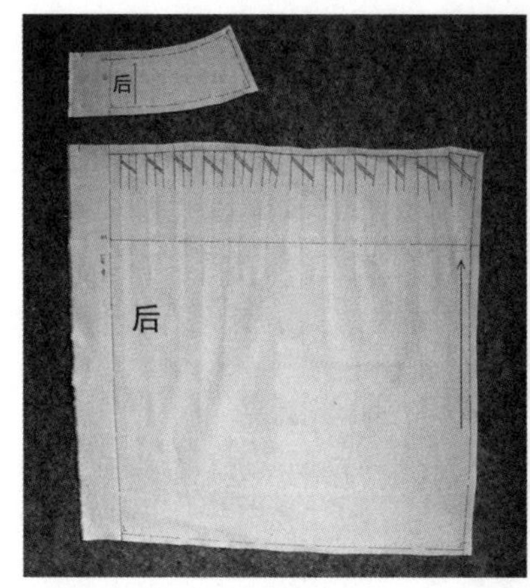

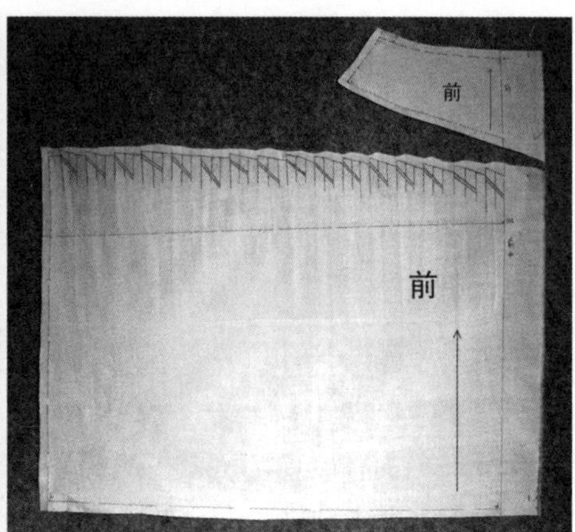

图 8.40　约克裙的平面板型

【思考与实践】

学生根据教师的授课内容，进行约克裙造型的立体裁剪操作技巧训练。

第六节　气球型裙的制作

气球型裙是一款胯部鼓起，腰部打对褶，形态似气球状的裙子。由于气球型裙的蓬起造型，实际制作时最好选用较厚、较硬的布料。

【气球型裙的制作——上腰布制作】

【气球型裙的制作——前后裙片的制作】

【气球型裙的制作——合片完成】

一、学习要点

学习目的：掌握裙子对压褶的打褶技巧，对压褶角度及褶量对面料的支撑程度。理解面料的软硬程度及纱向对服装空间立体造型支撑程度的影响。

制作重点：气球型裙对压褶的位置、个数、褶量及放射状角度的确定。气球型裙胯部外轮廓形蓬起的造型制作。

制作难点：对褶的角度及褶量对裙子蓬起程度的影响。气球型裙蓬起造型的制作。

气球型裙造型的款式特点如图 8.41 所示。

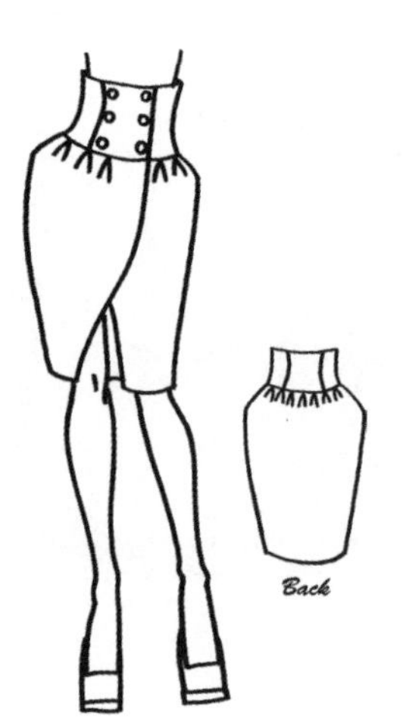

图 8.41　气球型裙造型的款式特点

二、气球型裙的制作方法

1.人台标线

根据气球型裙款式造型在人台上标线，将裙腰布的位置根据款式在人台上用标志带贴出。注意腰布前中心处为双排扣造型。在腰布与下裙片连接处，将气球型裙的对褶个数及位置用标志带贴出。前后各为 3 个半对压褶（图 8.42）。

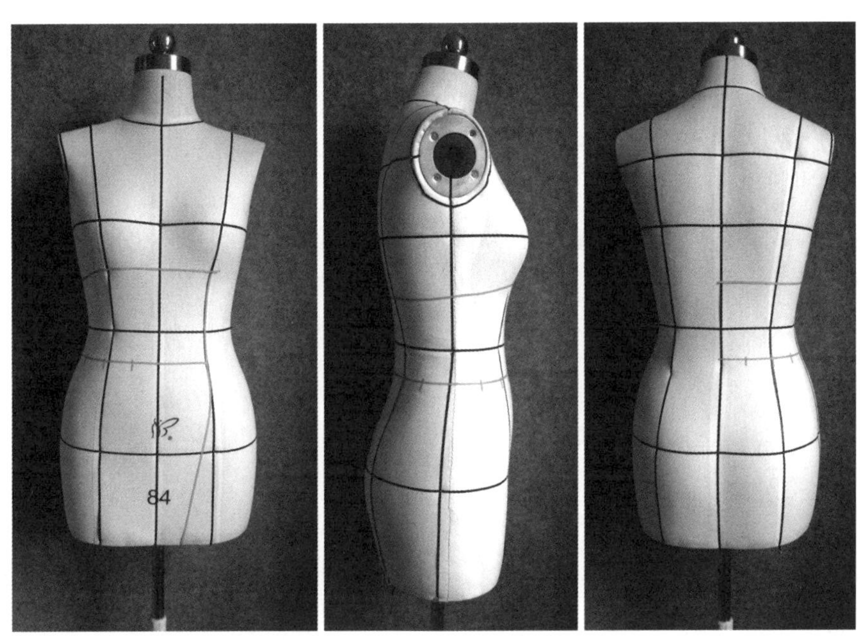

图8.42 标线

2.胚布的准备

根据裙子款式估算布料尺寸。量取前后裙片宽度时，注意加进褶量。

胚布尺寸为：前腰布，24cm（经纱方向）×38cm（纬纱方向）；后腰布，26cm（经纱方向）×29cm（纬纱方向）；前裙片，60cm（经纱方向）×66cm（纬纱方向）；后裙片，60cm（经纱方向）×63cm（纬纱方向）。

前后腰布胚布上标出前后中心线基础线，前后裙片胚布上标出前后中心线、臀围线基础线（图 8.43）。

3.腰布的制作

（1）前腰片，胚布前中心线与人台前中心线重合，胚布上布边过人台腰围线 3 ～ 4cm，右侧过侧缝线 4 ～ 5cm。对好后别针固定，侧面的布丝必须为直丝，用针固定。在前公主线处将腰臀差量别出腰省。为了使腰部面料服帖，在腰围线上开剪，注意别剪在省道上。

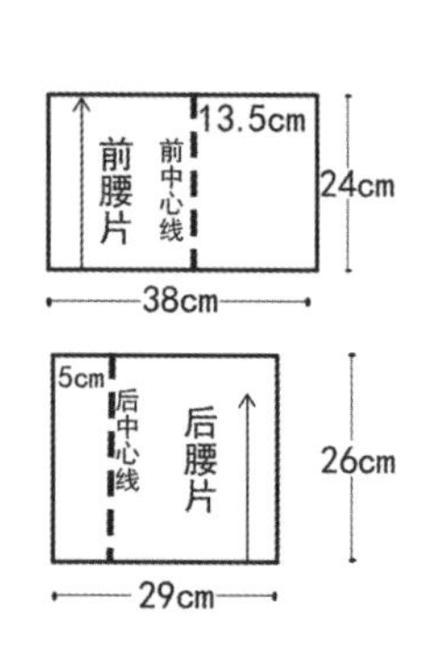

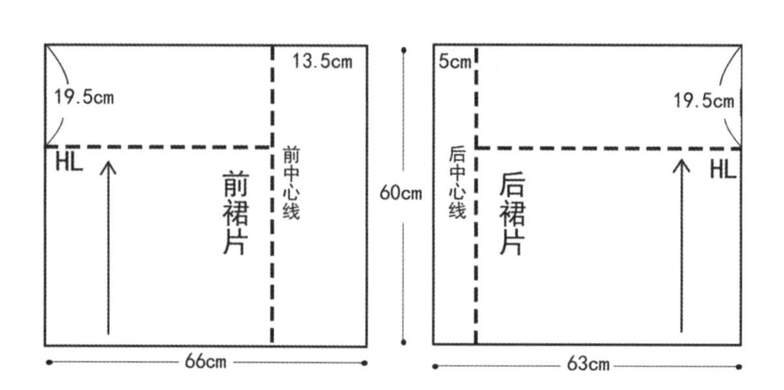

图 8.43 胚布准备

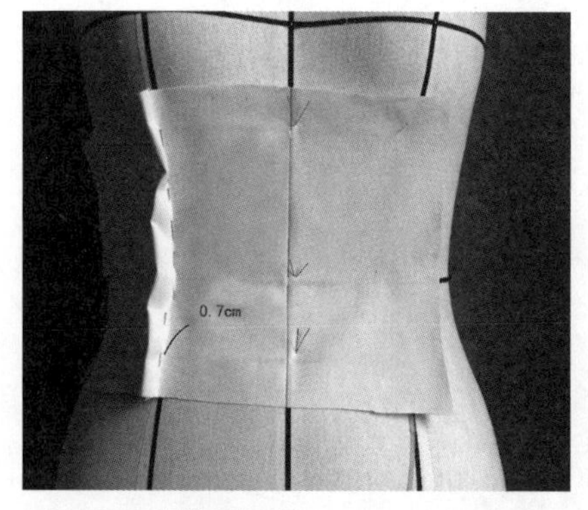

图 8.44 制作前腰片

抓别腰省时注意在腰布下端留取 0.7cm 的松度（为了覆盖下裙片所留的必要松度）(图 8.44)。

（2）后腰片，制作方法同前腰片一致。在后公主线处捏取腰省，下端留取 0.7cm 松度(图 8.45)。

（3）别合前后腰片，将前后腰片用抓别针法别合，注意前后 0.7cm 的松度保持住，侧缝线腰围线处可横向打剪口，使面料服帖。然后将别合后的腰布翻上去，制作下裙片(图 8.46)。

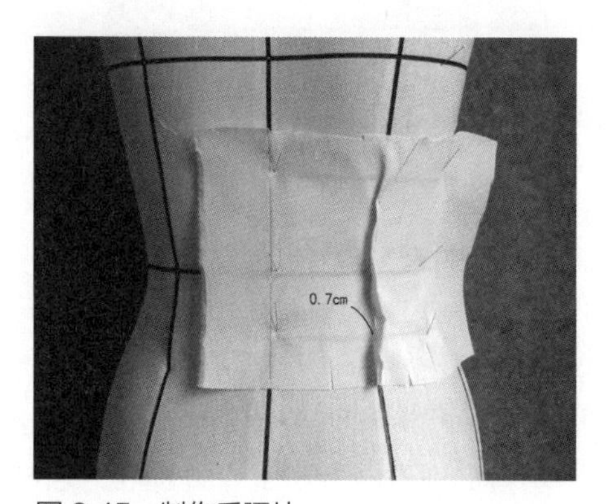

图 8.45 制作后腰片

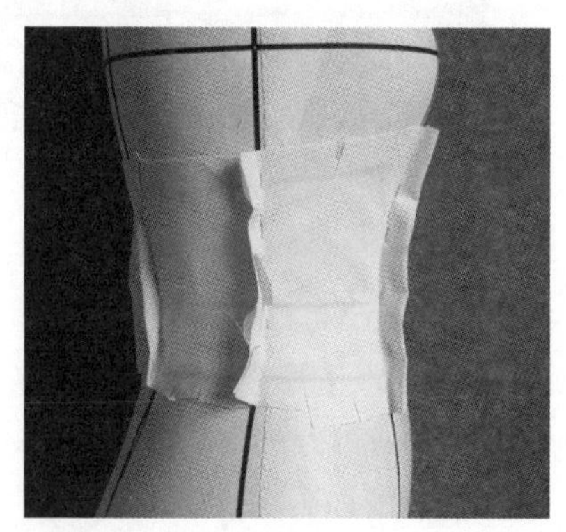

图 8.46 别合前后腰片

4.前裙片的制作

(1)前中心线、臀围线重合，胚布上端过腰围线 4cm，右侧过造型线 3 ～ 4cm(图 8.47)。

（2）根据褶的标线位置在与腰布连接处打放射状对褶，褶为对压褶，叠进量约为 1cm，注意叠进量不宜过多否则裙子易出绺。对压褶打好后拽一拽，使布料鼓起来。依次将前片对褶都打出，注意褶的放射状斜度及叠进量对面料起的支撑作用，反复调试。靠近侧缝线处打半个褶，将侧缝线藏在下面。注意臀围线始终保持重合(图 8.48)。

（3）将侧缝线用标志带贴出（图 8.49）。

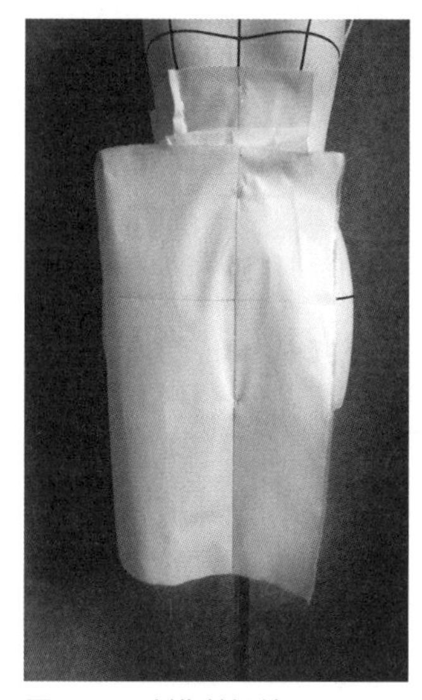
图 8.47　制作前裙片 1

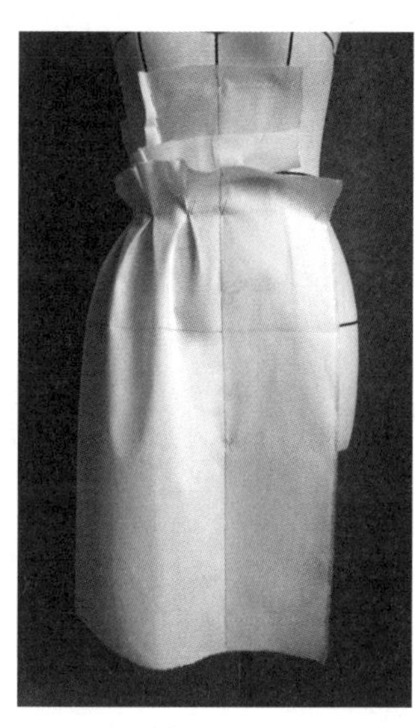
图 8.48　制作前裙片 2

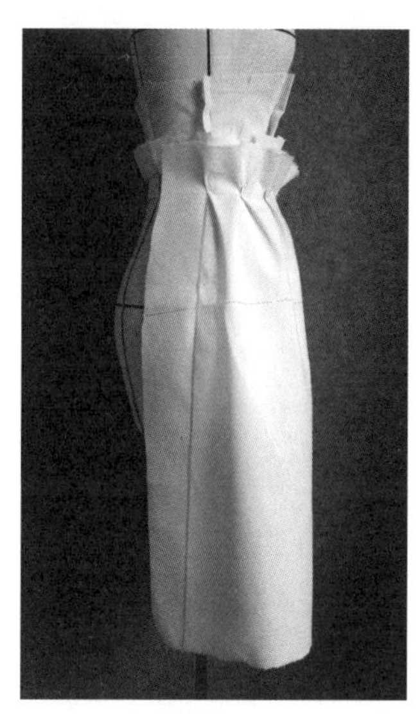
图 8.49　制作前裙片 3

5.后裙片的制作

（1）后裙片的制作方法与前片一致，注意对压褶的放射角度及叠进量。在后中心线处打半个褶，与另一半后裙片在后中心线处形成一个对褶，在侧缝线处打半个褶与前片侧缝线处的半个褶合成一个对褶，将侧缝线藏在下面。注意打对褶时将褶拽起，塑造胯部的鼓起造型（图 8.50）。

（2）将侧缝线用标志带贴出（图 8.51）。

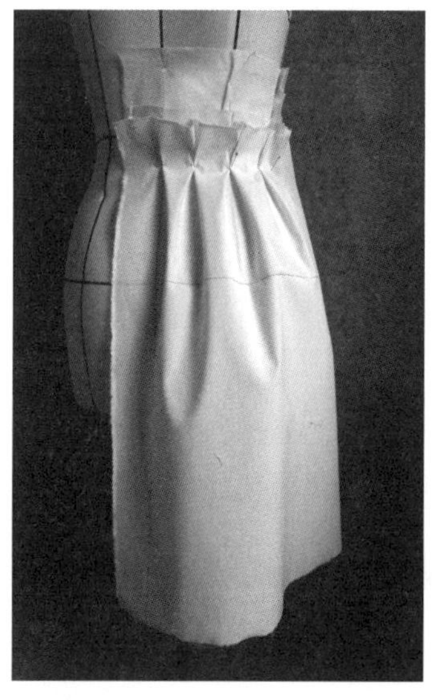
图 8.50　制作后裙片 1

图 8.51　制作后裙片 2

6.合并前后裙片

将前后侧缝线抓起别合，别出鼓起造型。然后用标志带将侧缝线标出，前片压后片用折叠针法斜向别合。别合时，始终注意裙子的鼓起造型，前后臀围线要对上。最后从正面、背面、侧面观察裙子形态，标线完成气球裙(图 8.52)。

拓板，得到气球型裙的平面板型(图 8.53)。

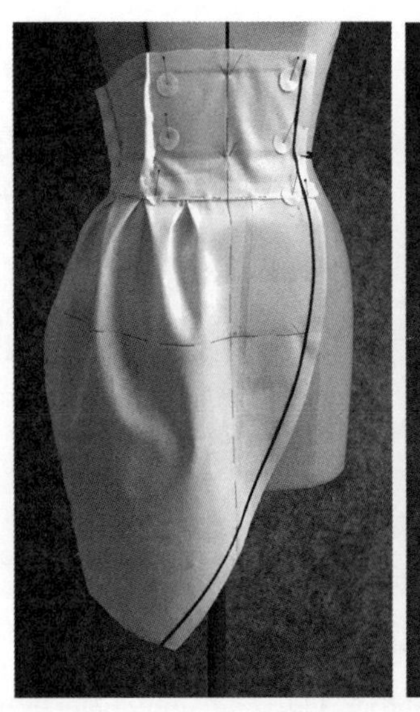
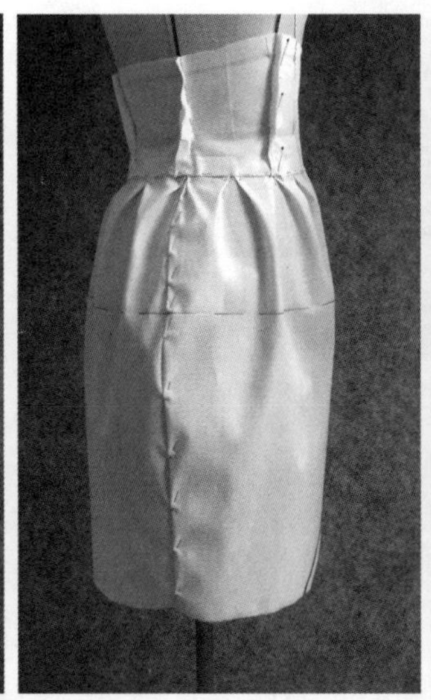
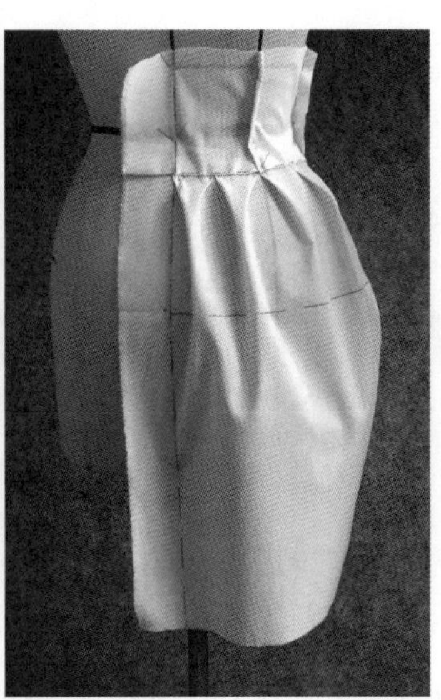

图 8.52　完成气球裙的立体制板

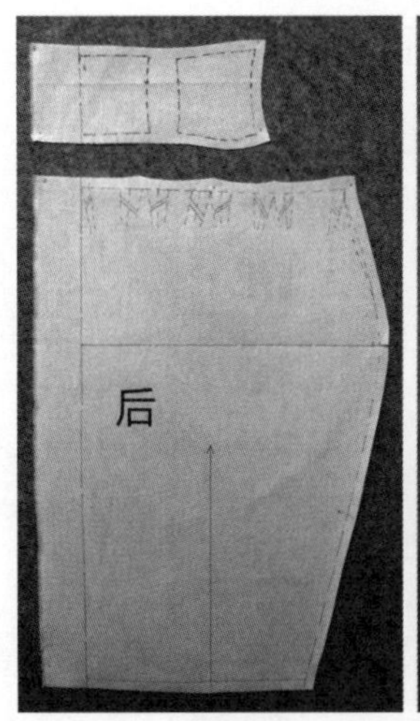

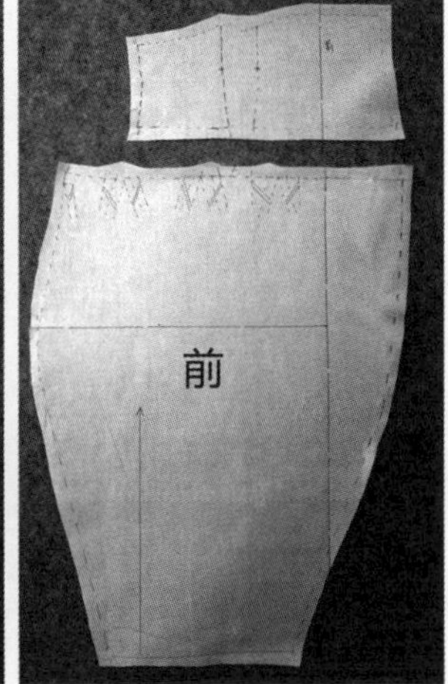

图 8.53　气球型裙的平面板型

【思考与实践】

学生根据教师的授课内容，进行气球型裙造型的立体裁剪操作技巧训练。

第七节　裙型变化考试

根据设计图，用立体裁剪制板方法在人台上做出裙子右半身板型，用大头针别合。要求款式分析准确、能够运用正确的立裁技术技巧、大头针别针方法准确、板型制作工整、比例优美。

对于裙型变化考试的试题，请仔细审题，运用立体裁剪制板技术操作答题（图 8.54）。

考试目的：拓宽多种裙型款式的制作思路，能够灵活运用所学过的裙子制作技巧，进行举一反三的思考与实践。

考试考核点：裙子款式所需要的制作技巧是否正确、熟练；裙子的松度是否合适；裙子的“峰”与“谷”及侧缝线位置的掌握；裙子的板型及裙子的比例与制作工整程度。

考试时间：8 学时。

图 8.54　裙型变化考试试题

CHAPTER NINE

第九章 整身原型（公主线连衣裙）的制作与变化

第一节　整身原型（公主线连衣裙）的制作

图 9.1　整身原型（公主线连衣裙）的款式特点

整身原型是公主线连衣裙的一种，上衣下裙相连、前后公主线处有分割、裙摆处无放量呈 H 型。可以在整身原型的基础上，进行众多连衣裙的款式变化。

整身原型具有一定的制作难度，上衣的箱型结构、下裙的松度都较难制作，尤其所有结构衣片的胸围线、腰围线、臀围线 3 条围度线都要对齐，在制作中需要反复的实践调整才能达到需要的效果。

一、学习要点

学习目的：掌握整身原型（公主线连衣裙）的制作技巧，掌握连衣裙的制作要点。

制作重点：前后肋片的目标辅助线必须与地面垂直。整身原型的服装松度及箱型结构的保证。

制作难点：整身原型 3 条围度线如何对齐，随时注意肋片中心线要与地面垂直。

整身原型（公主线连衣裙）的款式特点如图 9.1 所示。

二、整身原型（公主线连衣裙）的制作

1.人台标线

在人台的前后公主线与侧缝线之间胸围线的二分之一处各标一条垂直于地面的目标辅助线，作为前后肋片的基础线。注意，这两条线段必须垂直于地面（图 9.2）。

2.胚布的准备

整身原型属于公主线连衣裙，衣身结构线取人台前后公主线即可。用软尺进行面料估算。

胚布尺寸为：前中片，95cm（经纱方向）×24cm（纬纱方向）；前肋片，95cm（经纱方向）×24cm（纬纱方向）；后中片，95cm（经纱方向）×22cm（纬纱方向）；后肋片，95cm（经纱方向）×24cm（纬纱方向）。

前中片胚布上标画前中心线、胸围线、腰围线及臀围线。

前肋片胚布上标画目标辅助线、胸围线、腰围线及臀围线。

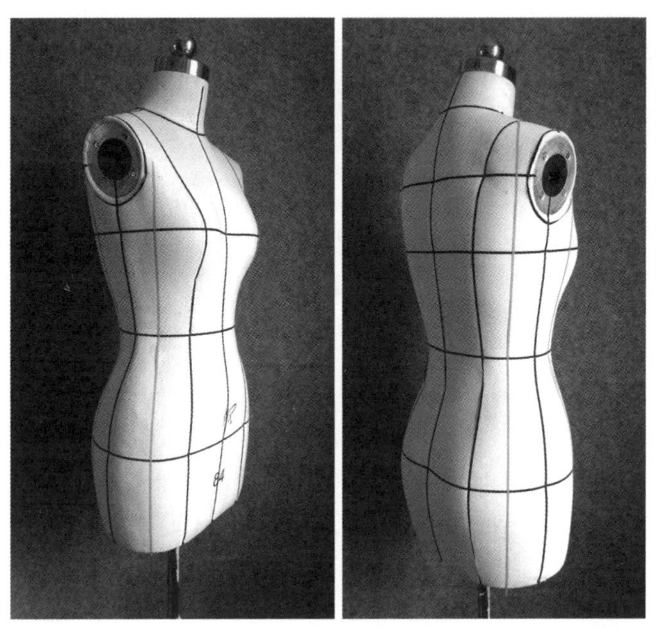

图 9.2　标线

后中片胚布上标画后中心线、横背宽线、腰围线及臀围线（胸围线不用标画）。

后肋片胚布上标画目标辅助线、横背宽线、腰围线及臀围线（胸围线不用标画）（图 9.3）。

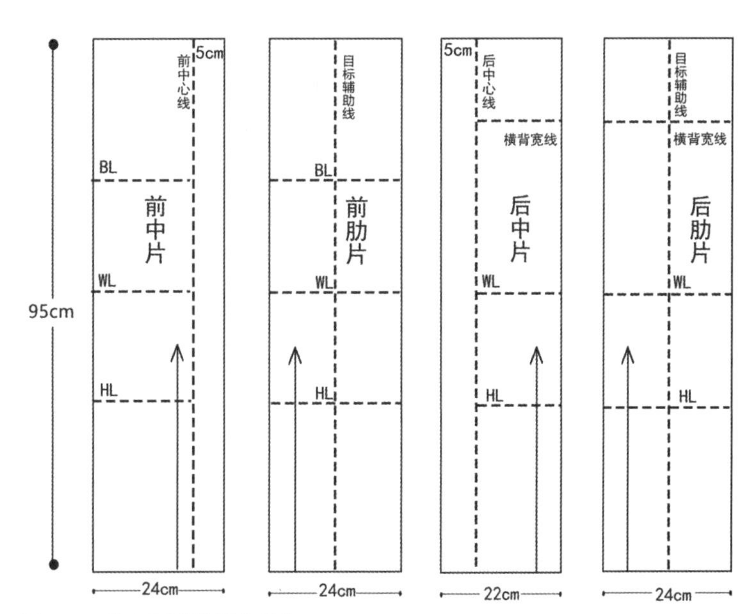

图 9.3　整身原型的胚布准备

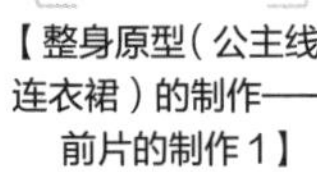

【整身原型（公主线连衣裙）的制作——前片的制作1】

【整身原型（公主线连衣裙）的制作——前片的制作2】

3.前衣片的制作

（1）前中片，前中心线、胸围线、腰围线、臀围线重合别好，胚布自然下垂。开领口，锁骨处留0.2cm松度。BP点处留0.5cm松度，松度别到前公主线的里侧，公主线外胸围线处横开剪口，顺公主线将胸围线上的多余布料粗裁，剩1cm缝份。臀围线处，在公主线里侧留0.75cm的松度（图9.4）。

（2）前肋片，目标辅助线、胸围线、腰围线、臀围线重合别好。在二分之一胸围线处留0.5cm的松度，臀围线处留0.75cm的松度。塑造前片箱型结构（图9.5）。

（3）在前公主线处将前中片与前肋片别合，别合时也是塑造箱型结构的关键。别合前中片与前肋片时，胸围线、腰围线、臀围线要对上，前中片压前肋片，顺公主线折叠针法斜向别合，注意松度、箱型结构要保持住，臀围线下裙型是垂直于地面的（图9.6）。

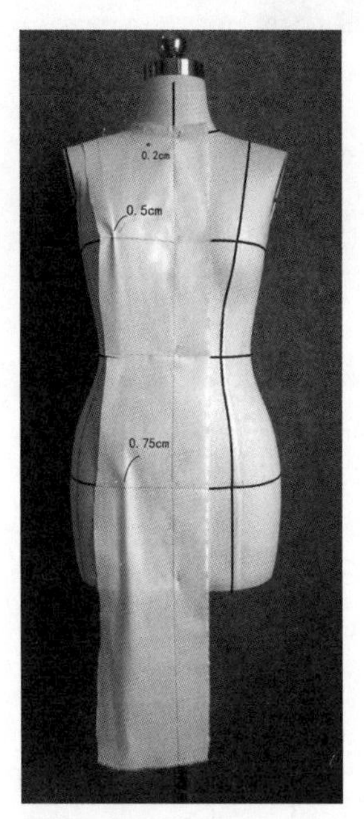

图9.4　制作前中片

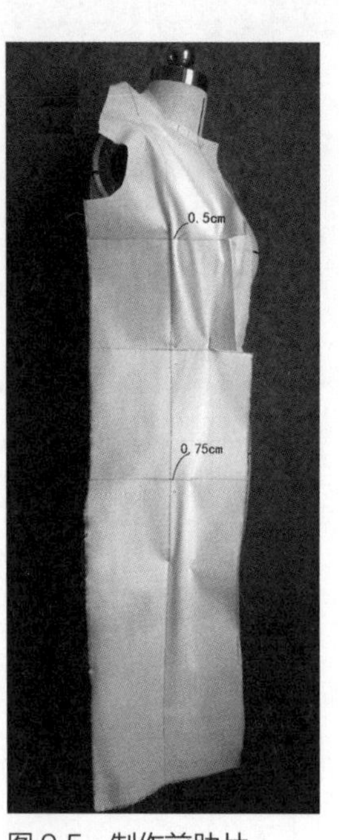

图9.5　制作前肋片

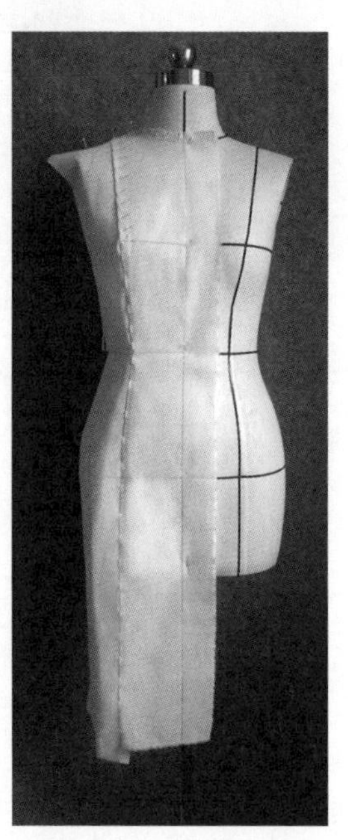

图9.6　别合前中片与前肋片

【整身原型（公主线连衣裙）的制作——后片的制作】

4.后衣片的制作

（1）后中片，后中心线、横背宽线、腰围线、臀围线重合别好，胚布自然下垂，在肩胛骨处留0.5cm松度，开后领口。臀围线处后公主线里侧留0.75cm松度（图9.7）。

（2）后肋片，目标辅助线、横背宽线、腰围线、臀围线重合别好。肩胛骨处留0.5cm松度，臀围线处留0.75cm松度。在后腋点至腰围线处塑造后片的箱型结构（图9.8）。

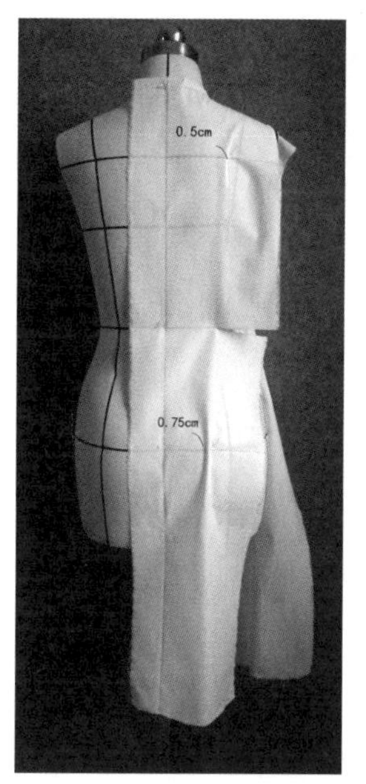

图 9.7　制作后中片

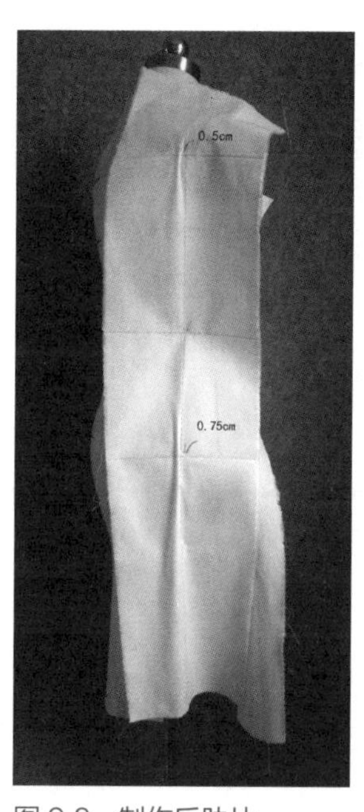

图 9.8　制作后肋片

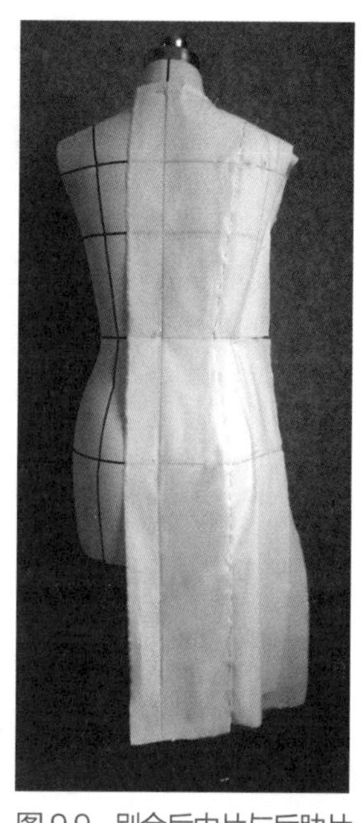

图 9.9　别合后中片与后肋片

（3）在后公主线处将后中片与后肋片别合。注意腰围的布料是合适的没有余量。别合后中片与后肋片时，横背宽线、腰围线、臀围线要对上，后中片压后肋片，顺后公主线折叠针法斜向别合，注意松度、箱型结构要保持住，臀围线下裙型是垂直于地面的（图 9.9）。

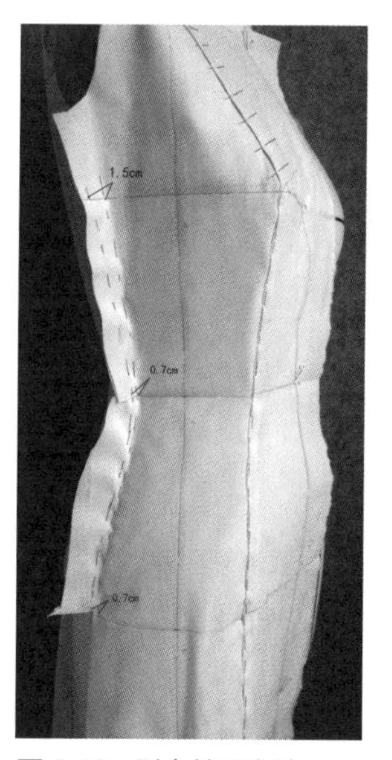

图 9.10　别合前后衣片

5.别合前后衣片

将前后衣片在侧缝处别合，用抓别针法别合前后衣片。在胸围线处加放 1.5cm 松度，腰围线处加放 0.7cm 松度，臀围线处加放 0.7cm 松度，臀围线以下布料顺 0.7cm 松度加放。标线后用叠别针法斜向别合，前肋片压后肋片（图 9.10）。

6.观察整身原型（公主线连衣裙）最终形态，标线完成

从正面、背面、侧面观察整身原型的整体形态。松度是否合适，箱型结构是否做出，4 片衣片的横向围度线是否都对齐了，臀围线下裙型是否呈 H 型与地面垂直等。形态确定完毕后即可叠别裙摆，用笔标线完成（图 9.11、图 9.12）。

拓板，得到整身原型的平面板型（图 9.13）。

【整身原型（公主线连衣裙）的制作——合片完成】

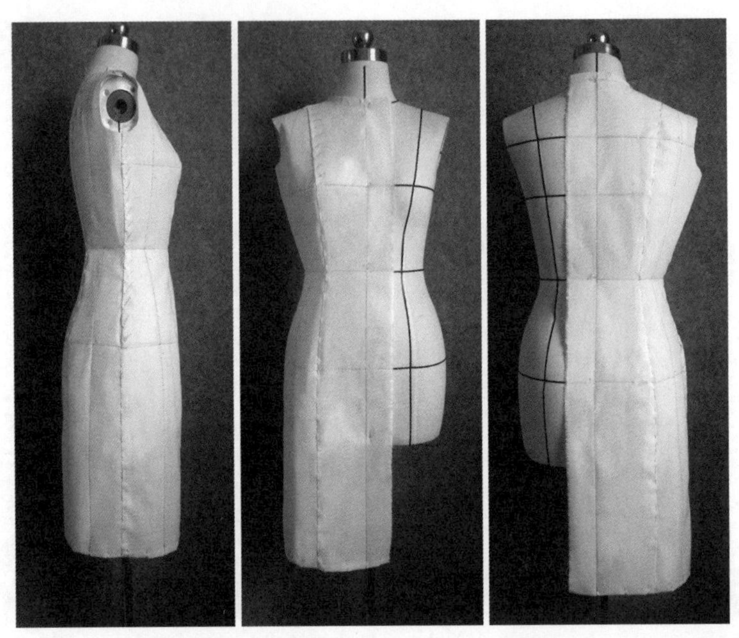

图 9.11　完成整身原型的立体制板

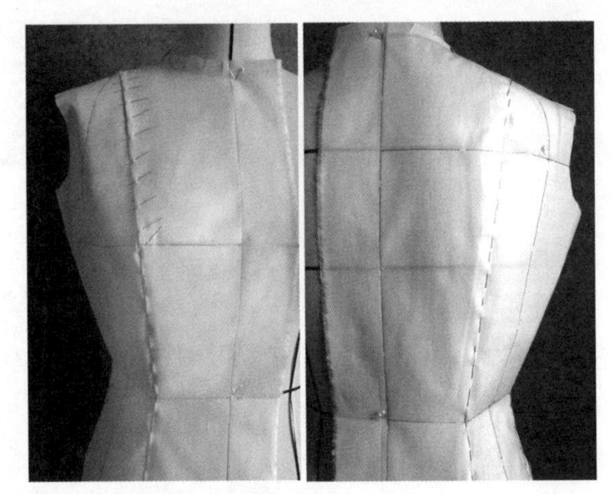

图 9.12　整身原型的箱型结构

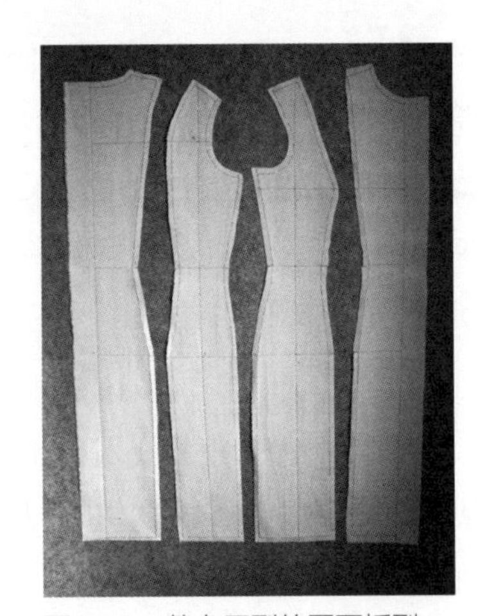

图 9.13　整身原型的平面板型

【思考与实践】

学生根据教师的授课内容，进行整身原型（公主线连衣裙）的立体裁剪操作技巧训练。

第二节　整身原型的款式变化

可以在整身原型的基础上，进行多种连衣裙的款式变化，可以是分割线的变化，也可以是裙型的变化等，如图 9.14 所示。

在图 9.14 中，整身原型的款式变化介绍如下。

A 款裙型，将公主线分割变为了派内尔线分割结构。

B 款裙型，做了领型、结构线、裙型的变化，V 字领、派内尔线及鱼尾裙加三角布以加宽裙摆量。

C 款裙型，在底摆处加了叠褶设计。

D 款裙型，在底摆处加了大斜裙做法的波浪摆设计。

E 款裙型，也比较常见，在公主线或派内尔线分割线中掬入摆量，使裙摆加大。

图 9.14　整身原型的款式变化

【思考与实践】

尝试分析在整身原型的基础上，能变化出哪些裙子款式。

CHAPTER TEN

第十章
各种领型的制作

第一节　领子的构成原理

领子是服装的重要组成部件，具有装饰与实用的功能。领子围绕脖颈，与领围线有关，在设计与制作领子时，要充分考虑领围线的位置尺寸。另外，人体脖颈所需要的活动量不多，领子与脖子之间的活动量为一手指松度即可。

第二节　小立领的制作

小立领也称中式领，因早期出现在中国旗袍等民族服饰中而得名。小立领围绕脖颈，基本与脖子形态相符，在小立领制作方法的基础上，可以进行众多的立领领型及领座高度的变化。例如，图 10.1 中 A 款、B 款立领为领型变化，C 款立领为提高立领高度变化。

【小立领的制作】

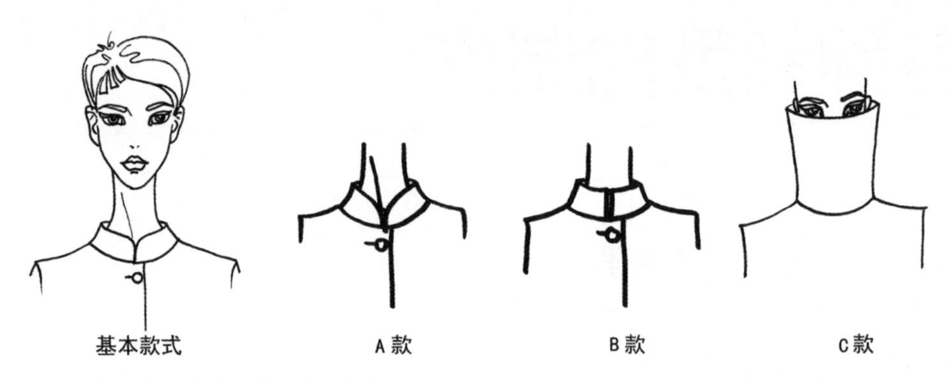

图 10.1　立领的款式特点及造型变化

一、学习要点

学习目的：掌握小立领的制作方法，并能举一反三地进行多种小立领领型的变化制作。

制作重点：小立领与脖颈的空间形态，领子正面看外边缘轮廓呈梯形并与脖颈有一根手指的松度。领围线后颈点 2.5cm 左右要始终保持与后中心线垂直。

制作难点：立领与脖颈空间形态的把握。

二、小立领的制作方法

1.人台的标线

在人台上标新的领口弧线。用胶带从后中心线开始，2 ～ 2.5cm 处保持与后中心线垂直，向前颈窝标画，侧颈点外扩 0.5 ～ 1cm，过前中心线 1.5cm 为搭门线。新的领口弧形与前中心线也尽量保持垂直（图 10.2）。

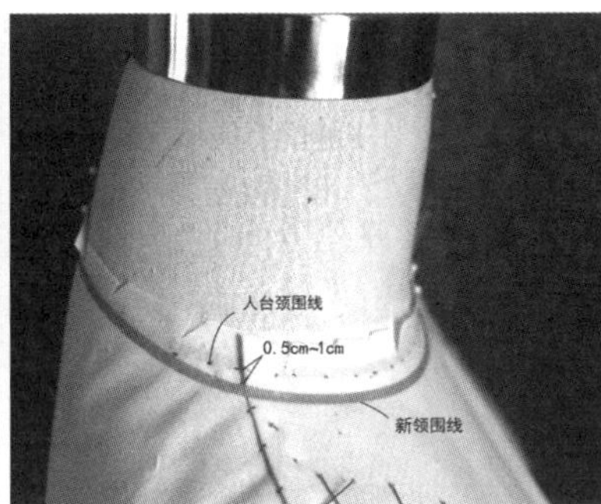

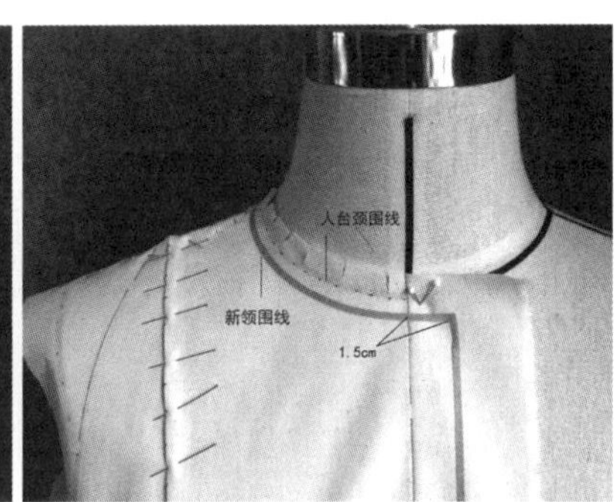

图 10.2 标线

2.胚布的准备

用软尺估算小立领的长、宽、高尺寸。

立领用胚布尺寸为：10cm（经纱方向）×32cm（纬纱方向）。

在胚布上标出后中心线（图 10.3）。

3.小立领的制作

（1）将胚布的后中心线与人台重合别好，领弧线与后中心线垂直处 2 ～ 2.5cm 处别对针固定（图 10.4）。

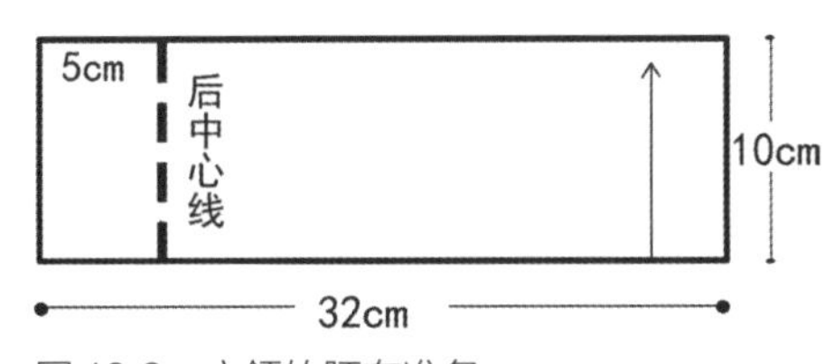

图 10.3 立领的胚布准备

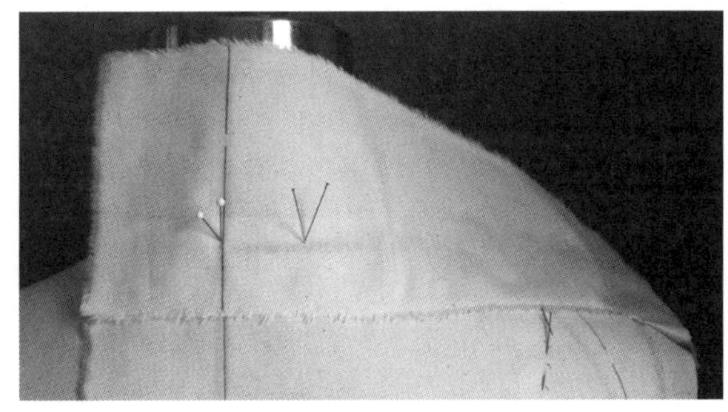

图 10.4 小立领的制作 1

（2）胚布肩缝处开一剪（别剪过了），将胚布顺领弧线往前衣身绕，一边绕可一边在领弧线外打剪口，使胚布顺畅。在侧颈点别一针，胚布顺领弧线边打剪口边确定领型，领子的高度、外轮廓型自定（图 10.5）。

（3）领子与脖颈侧面能放进一根手指的松度，从正面及背面看，领子侧轮廓线呈梯形。检查领子形态后将领口弧线在领子上标出，并标出领子外轮廓型，完成（图 10.6）。

拓板，得到小立领的平面板型（图 10.7）。

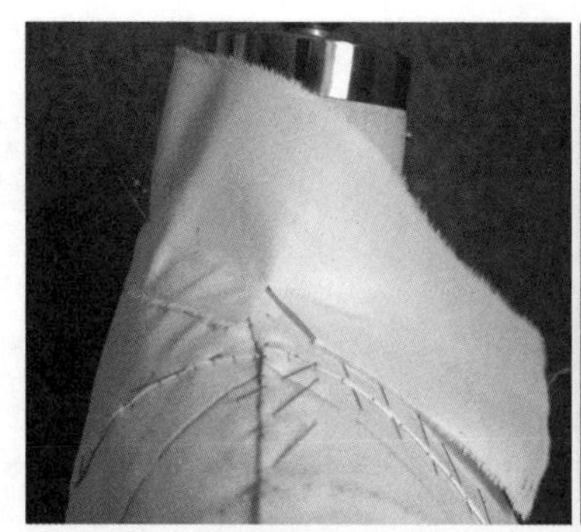
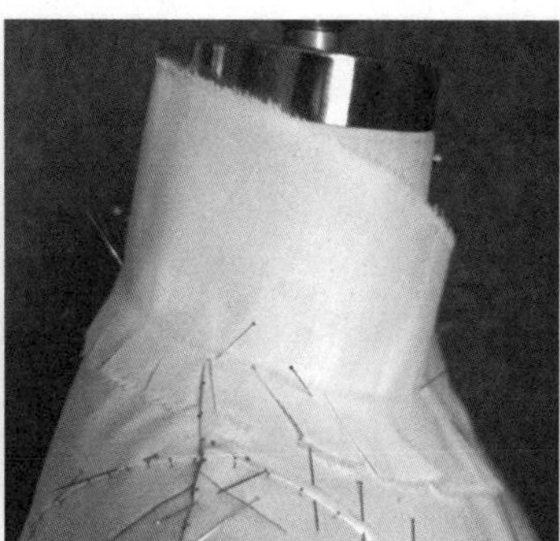
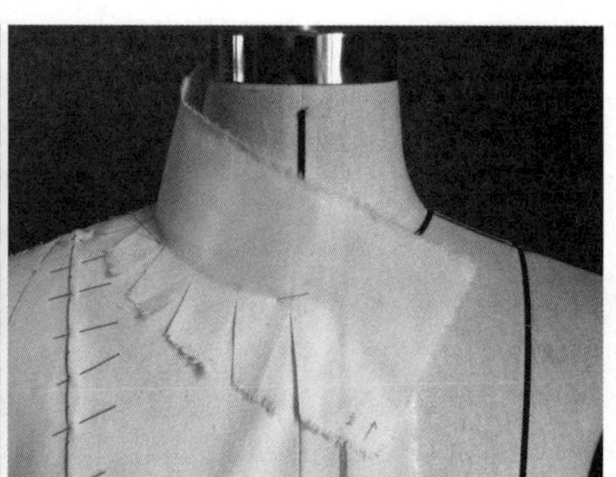

图 10.5　小立领的制作 2

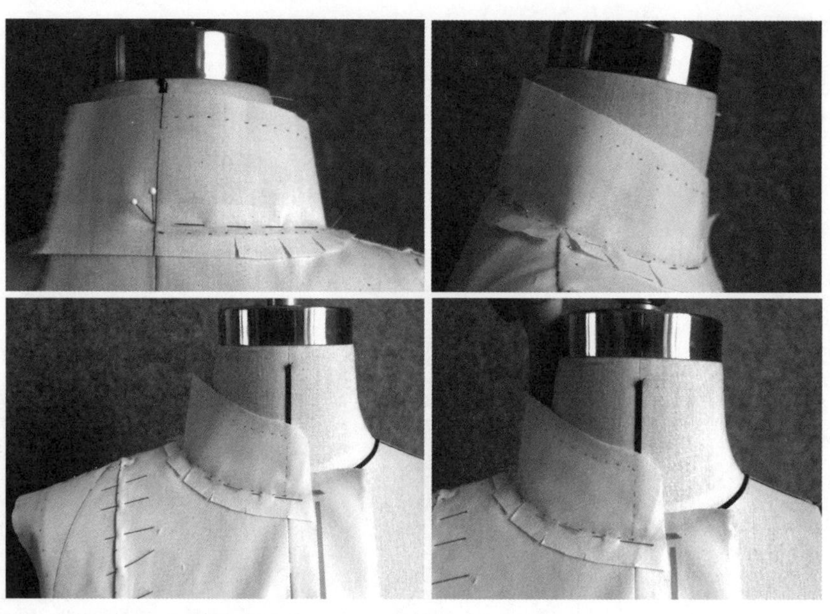

图 10.6　完成小立领的立体制板

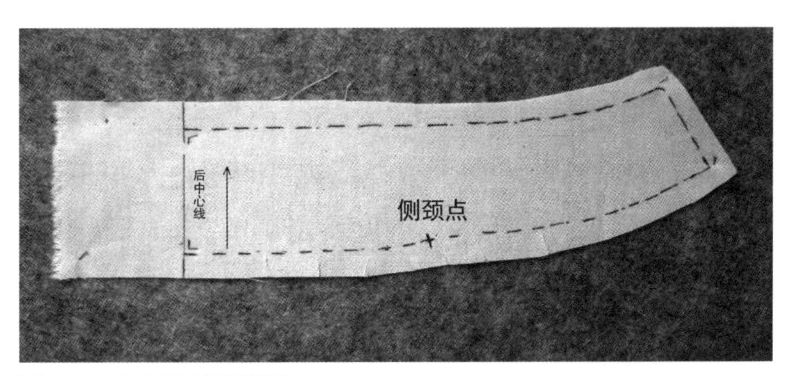

图 10.7 小立领的平面板型

【思考与实践】

学生根据教师的授课内容，进行小立领造型的立体裁剪操作技巧训练。能够进行立领的款式变化制板训练。

【小翻领的制作】

第三节 小翻领的制作

小翻领是衬衣领的一种，领座与领面连为一体为一块面料。小翻领可改变领型及提高领座高度变化等（图 10.8）。

图 10.8 翻领造型的款式特点

一、学习要点

学习目的：掌握小翻领的制作方法，并能举一反三地进行多种小翻领领型的变化制作。

制作重点：翻领与脖颈的空间状态，领子正面看外边缘轮廓呈梯形并与脖颈有一手指的松度。领子上翻领边缘线要盖住领围线。领围线后颈点 2.5cm 左右要始终保持与后中心线垂直。

制作难点：翻领与脖颈空间形态的把握。翻领的翻折印上领面与翻折印下领座面料的顺畅。

二、小翻领的制作方法

1.人台的标线

在人台上标出新的领口弧线，后颈点 2 ～ 2.5cm 与后中心线垂直不动，侧颈点外扩 0.5 ～ 1cm，前颈点自定（不一定与前中心线垂直），过前中心线 1.5cm 为搭门线（图 10.9）。

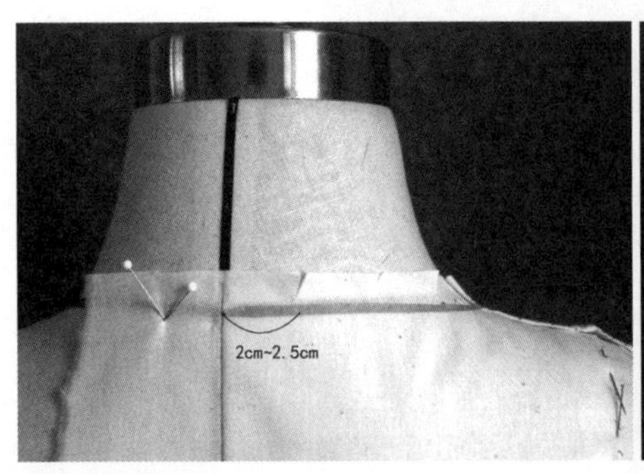

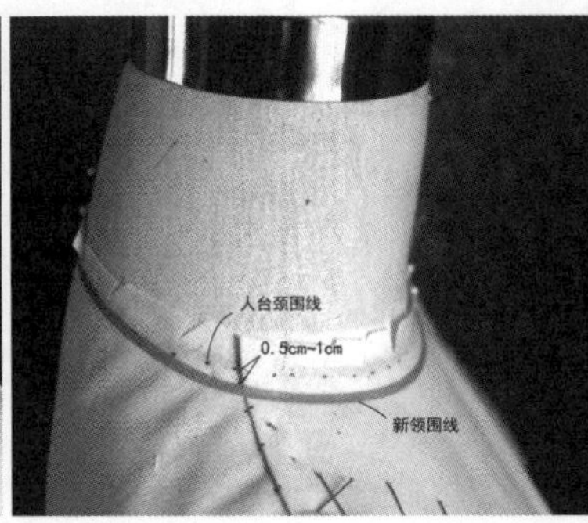

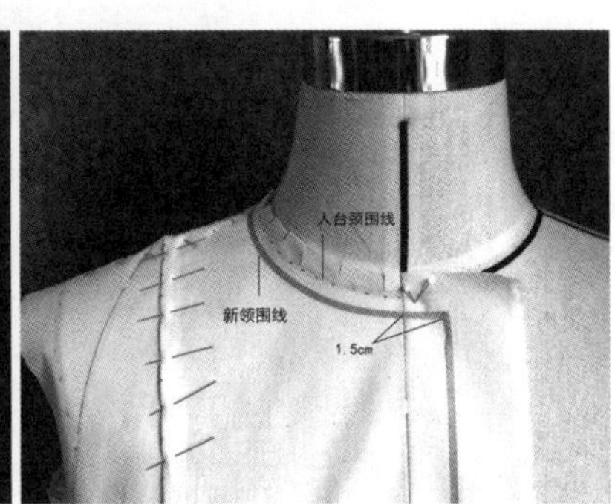

图 10.9　标线

2.胚布的准备

小翻领胚布所需尺寸为：15cm（经纱方向）×35cm（纬纱方向）。

小翻领的胚布准备，先进行胚布粗裁，再制作（图 10.10）。

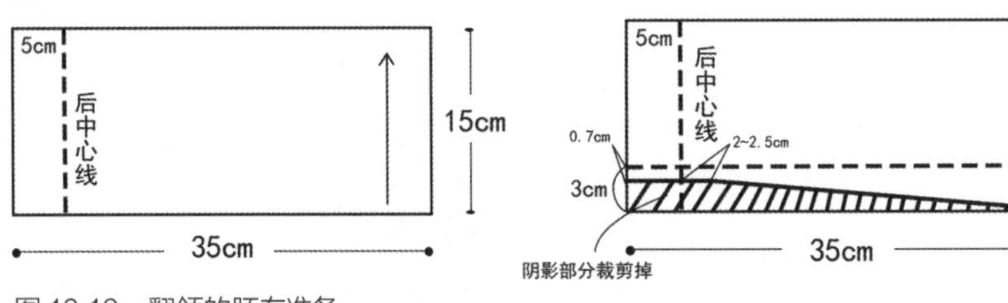

图 10.10　翻领的胚布准备

3.小翻领的制作

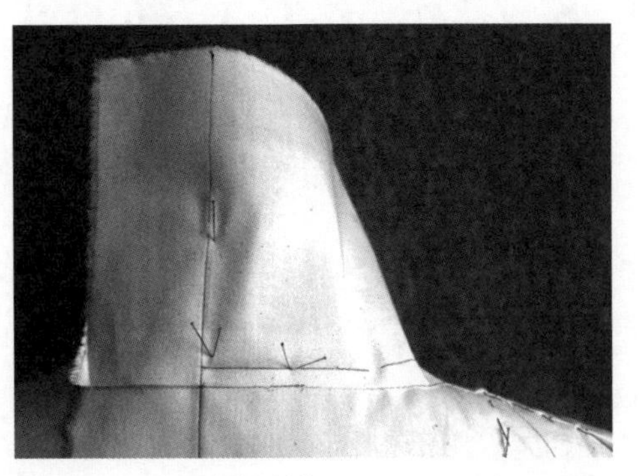

图 10.11　小翻领的制作 1

（1）将胚布的后中心线对合人台后中心线，胚布的 3cm 辅助线对合新画的领弧线，重合别好，与后中心线垂直处 2 ～ 2.5cm 处别对针固定（图 10.11）。

（2）定领座的高度，领弧线向上 3cm。将上领翻下来，翻下来的后中心线与人台别好。在肩部开一剪（别剪过了），把布拽到前衣身来，拽到止口点（图 10.12）。

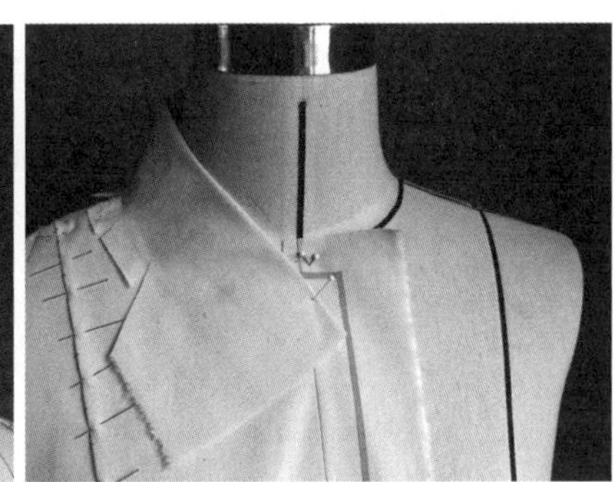

图 10.12 小翻领的制作 2

（3）边将布拽至前衣身，边调整领型，包括外翻领及领座部分，将布捋顺，顺领弧线别合。领子与脖颈侧面能放进一根手指的松度，从正面及背面看，领子侧轮廓线呈梯形。领子外翻领的轮廓线能够将领弧线盖住，超过领弧线 1cm（图 10.13）。

（4）检查领子形态后将领口弧线在领子上标出，并标出领子外轮廓型，完成（图 10.14）。

拓板，得到小翻领的平面板型（图 10.15）。

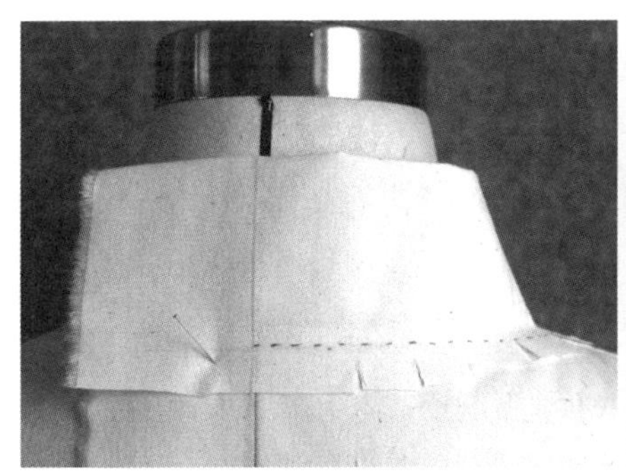
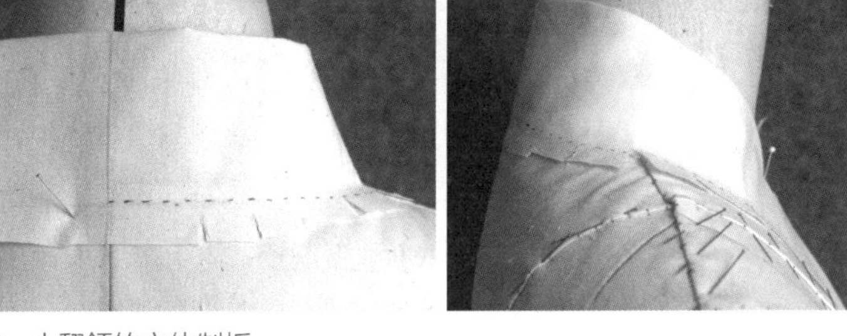
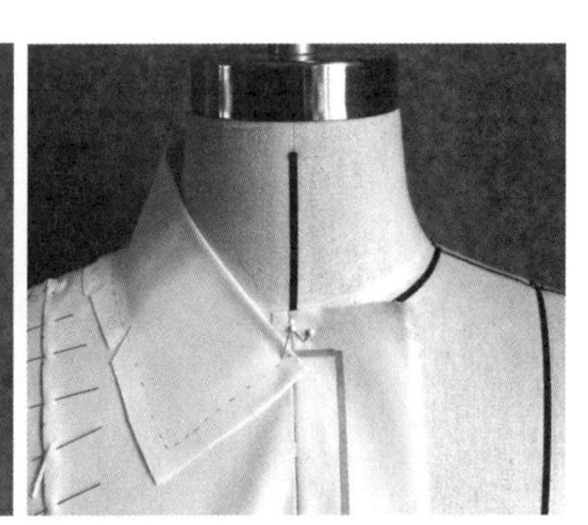

图 10.13 小翻领的立体制板

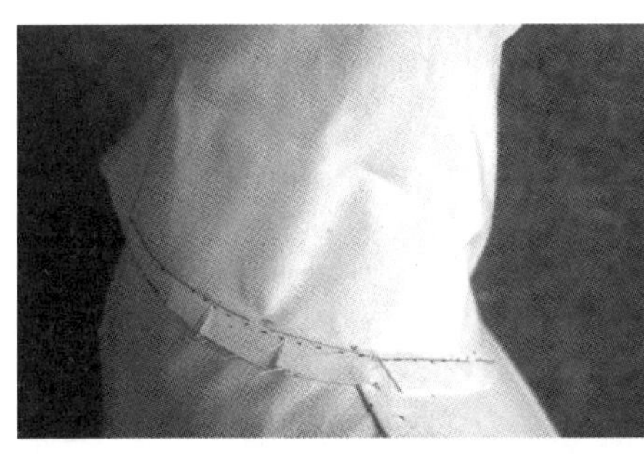
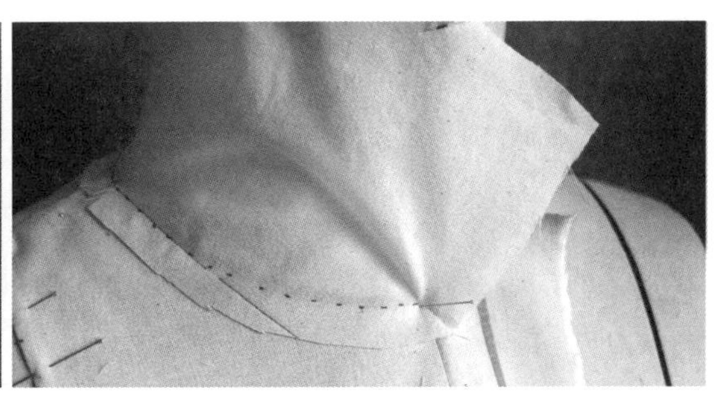

图 10.14 标画领弧线

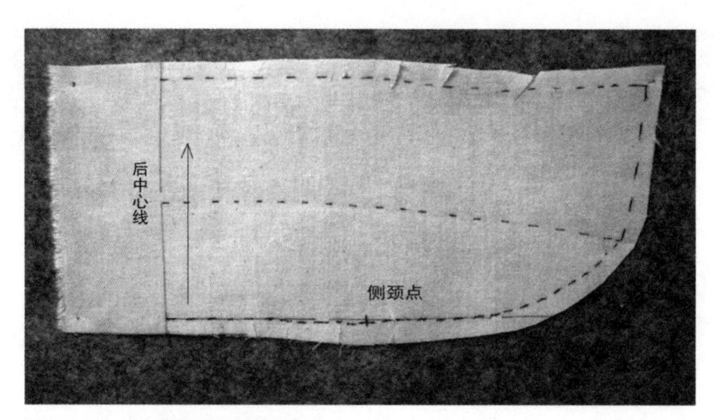

图 10.15　小翻领的平面板型

【思考与实践】

学生根据教师的授课内容，进行小翻领造型的立体裁剪操作技巧训练。能够进行翻领的款式变化制板训练。

第四节　平领的制作

图 10.16　平领的款式特点

平领是无领座或领座很小的一种领子，因其完成效果是平铺在领窝处故而得名。平领是从领口直接翻出来的，因为没有领座会使脖颈显得修长。领型呈圆角的平领也称娃娃领，通常用于童装设计，给人以可爱、活泼的视觉审美（图 10.16）。

【平领的制作】

一、学习要点

学习目的：掌握平领的制作方法，并能举一反三地进行多种平领领型的变化制作。

制作重点：平领与脖颈的空间形态，从正面看，领子外边缘轮廓平贴在肩膀上，并与肩膀保持一定的空间。平领领围线后颈点处开始挺进的 0.5cm 并逐渐递减至侧颈点的领座是平领制作的重点及难点。

制作难点：平领与脖颈、肩膀空间形态的把握。平领 0.5cm 领座的制作。

二、平领的制作方法

1.标新领弧线

在人台上标出新的领口弧线，后颈点 2 ～ 2.5cm 与后中心线垂直不动，侧颈点外扩 0.5cm，前颈点自定（不一定与前中心线垂直），过前中心线 1.5cm 为搭门线（图 10.17）。

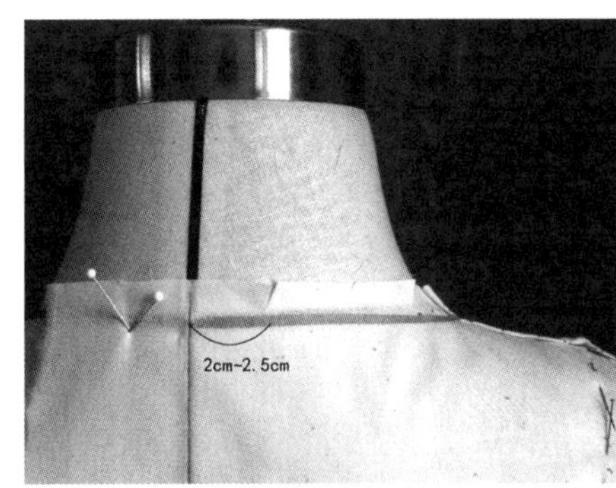

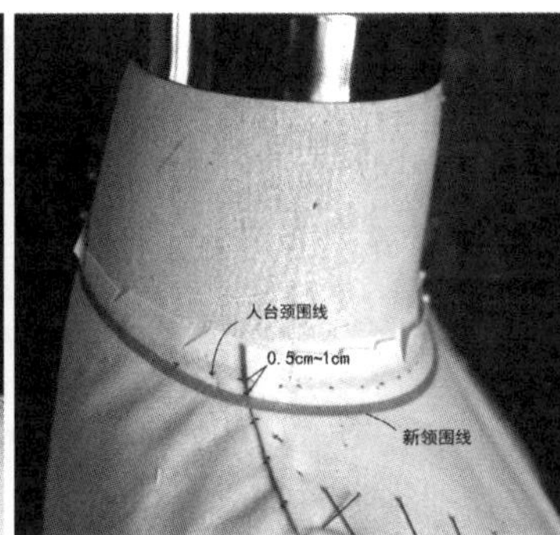

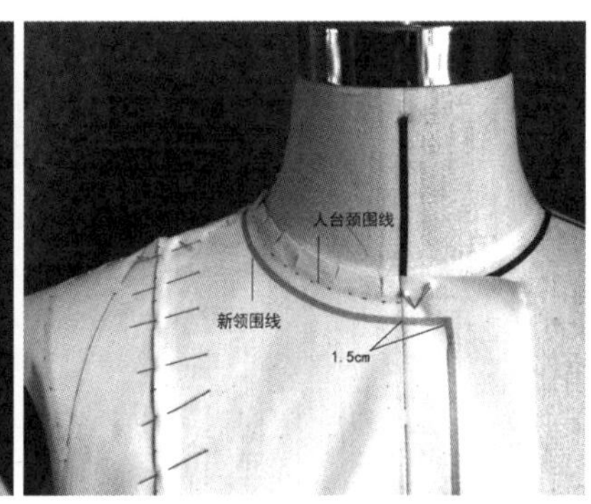

图 10.17 标线

2.胚布的准备

胚布的尺寸为：37cm（经纱方向）×33cm（纬纱方向）。

胚布上画出后中心线（图 10.18）。

3.平领的制作

（1）后中心线对齐，将布大致绕到前中心线处，上下调整，布料固定范围够操作使用（图 10.19）。

在新标画的领弧线处，折进 0.5cm（共 1cm），顺着折进的凹槽捋，2 ～ 2.5cm 与后中心线垂直别对针固定。

（2）用手在折进的凹槽中向前移动，在侧颈点别一针。将领窝上部多余的布料粗裁掉，

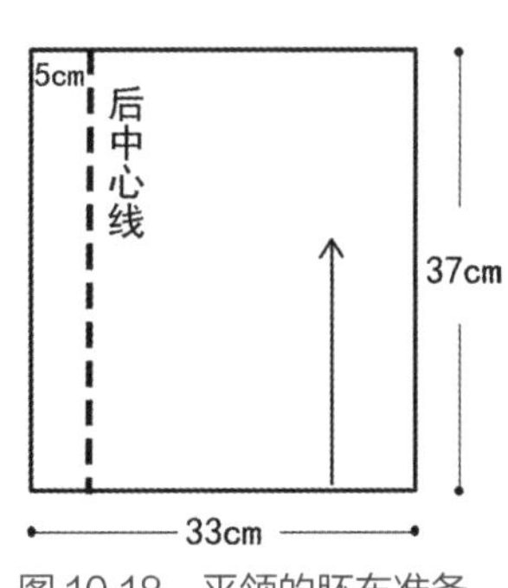

图 10.18 平领的胚布准备

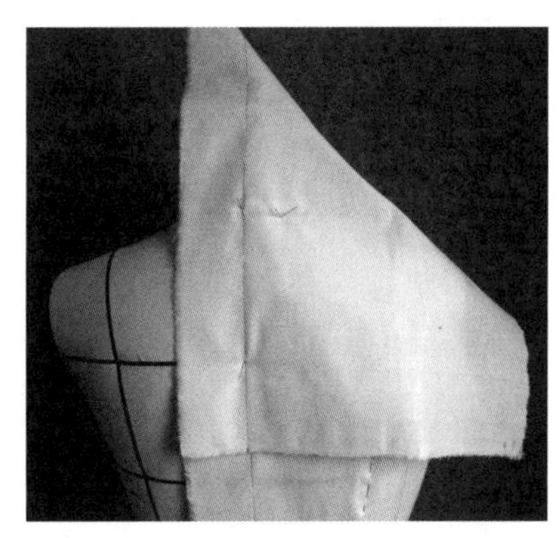

图 10.19 平领的制作 1

别剪多了，布料量能够到前中心的止口点。从正面、背面看，领子外边缘轮廓平贴在肩膀上，并与肩膀保持一定的空间（图 10.20）。

（3）在侧颈点开一剪，距新领口弧形 0.5cm。将前片领窝处的布料掼进里侧，顺领口弧线在前中心线处别一针。将前领部分翻上去，将里侧的领布顺领口弧线别上，注意别出褶（图 10.21）。

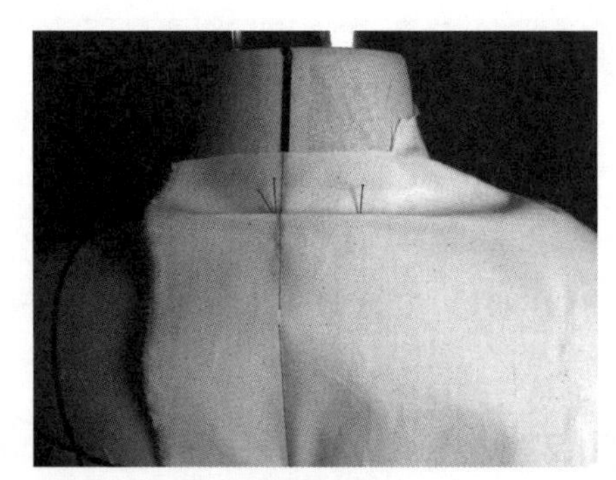

图 10.20　平领凹槽的制作

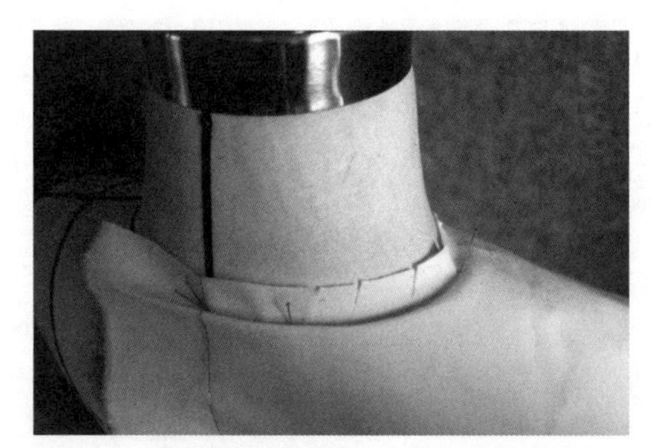

图 10.21　平领的制作 2

（4）调整好领型后，用笔将掼进的 0.5cm 凹槽的槽底线及棱线用笔画出，凹槽底线和棱线在侧颈点处逐渐合成一条线顺到前领弧线上。

根据设计，将平领的外领轮廓线用标志带贴出，再用笔标线。确定领子造型无误后，标线完成（图 10.22）。

拓板，得到平领的平面板型（图 10.23）。

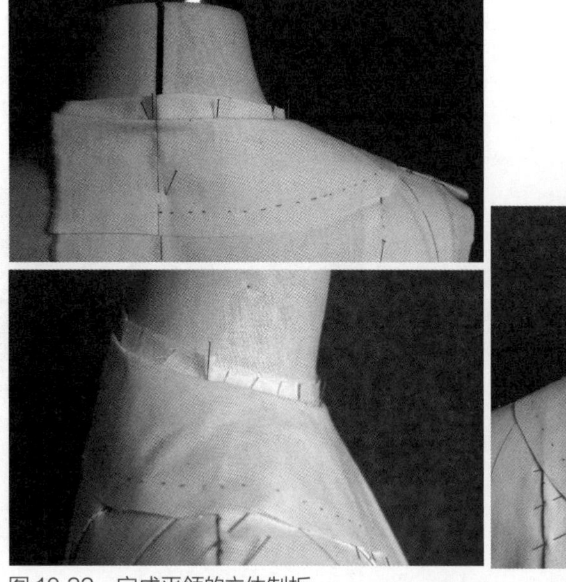

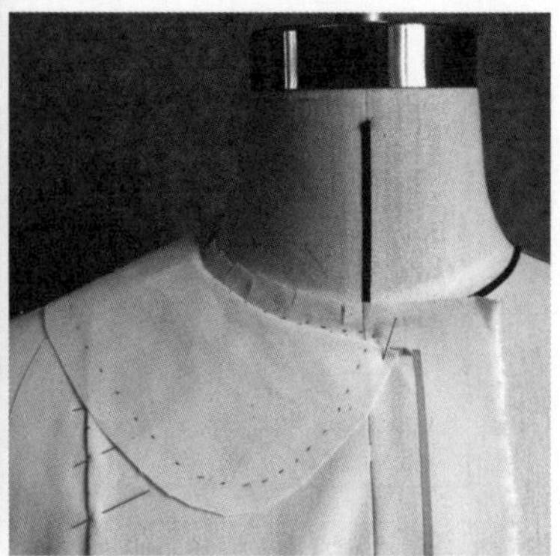

图 10.22　完成平领的立体制板

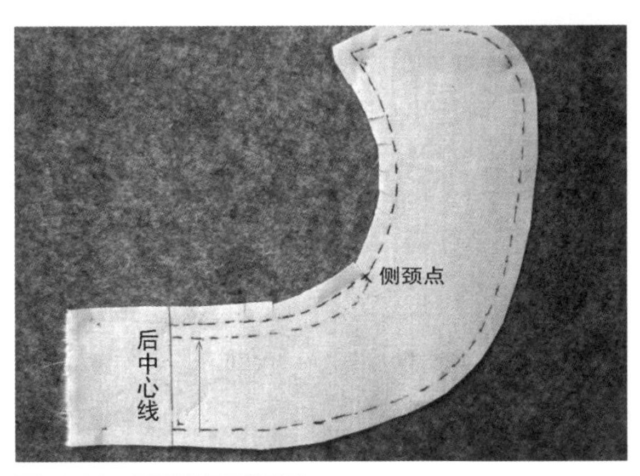

图 10.23　平领的平面板型

【思考与实践】

学生根据教师的授课内容，进行平领造型的立体裁剪操作技巧训练。

【海军领的制作】

第五节　海军领的制作

海军领也叫水手领，是平领的一种，也是无领座，领子直接从领口翻出来，做法同平领一致。海军领只是领型与平领有区别，前身呈 V 字形领口，后领型较大，披在肩上（图 10.24）。

图 10.24　海军领的款式特点

一、学习要点

学习目的：掌握海军领的领型特点及制作方法，并知晓海军领与平领制作方法一致，只在领型上有变化。

制作重点：掌握海军领的领型特点。海军领与脖颈的空间形态，从正面看，领子外边缘轮廓平贴在肩膀上，并与肩膀保持一定的空间。海军领领围线后颈点处开始掀进的 0.5cm 并逐渐递减至侧颈点的领座是海军领制作的重难点。

制作难点：海军领与脖颈、肩膀空间形态的把握。海军领 0.5cm 领座的制作。

例如，图 10.25 所示为海军领的领型变化，通常可变化为大衣的披肩领领型。

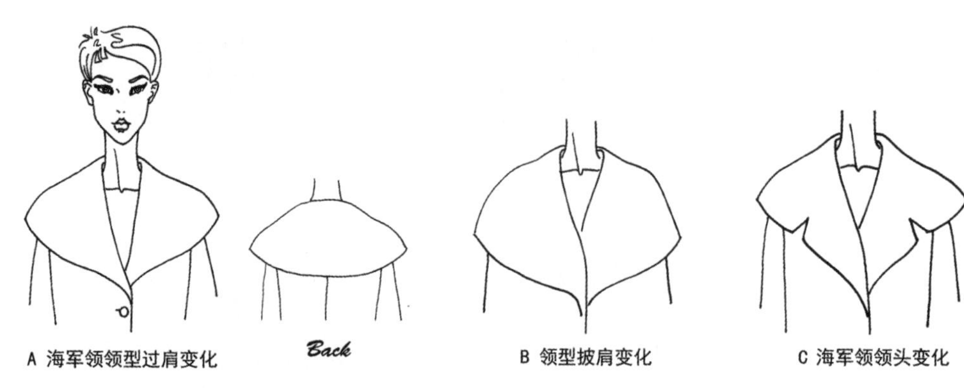

图 10.25 海军领的款式变化

二、海军领的制作方法

1.标新领弧线

在人台上标出新的领口弧线，后颈点 2 ～ 2.5cm 与后中心线垂直不动，侧颈点外扩 0.5 ～ 1cm，绕到前身，呈 V 字形领口交到前中心线上（图 10.26）。

2.胚布的准备

胚布的尺寸为：50cm（经纱方向）× 35cm（纬纱方向）。

胚布上画出后中心线（图 10.27）。

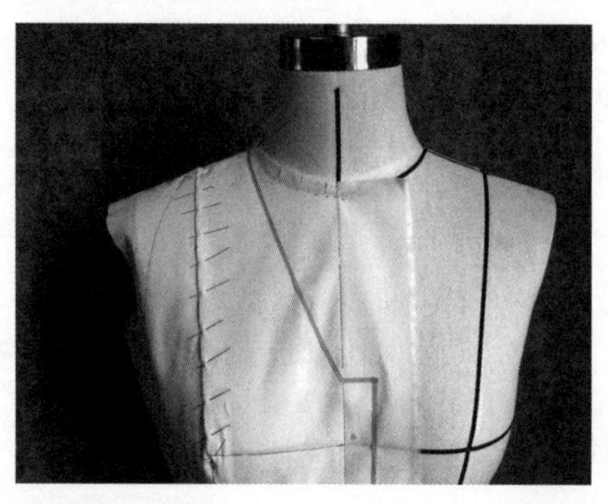

图 10.26 标线

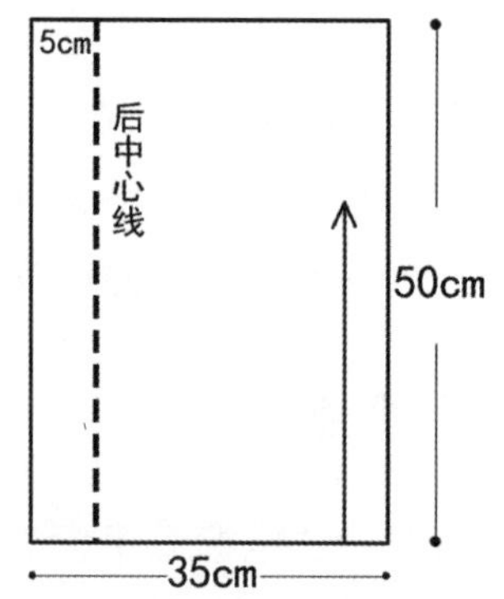

图 10.27 海军领的胚布准备

3.海军领的制作

海军领的制作方法同平领一致。

（1）后中心线对齐，将布大致绕到前中心线处，上下调整，布料固定范围够操作使用。

在新标画的领弧线处，折进 0.5cm（共 1cm），顺着折进的凹槽捋，2 ～ 2.5cm 与后中心线垂直别对针固定（图 10.28）。

（2）用手在折进的凹槽中向前移动，在侧颈点别一针。将领窝上部多余的布料粗裁掉，别剪多了，布料量能够到前中心的止口点。从正面、背面看，领子外边缘轮廓平贴在肩膀上，并与肩膀保持一定的空间（图 10.29）。

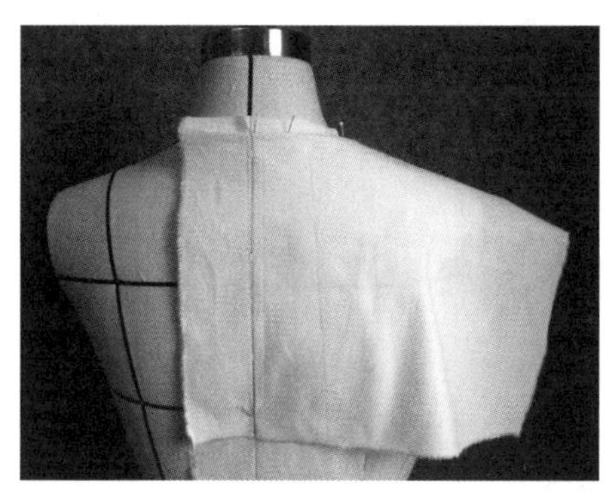
图 10.28 海军领的制作 1

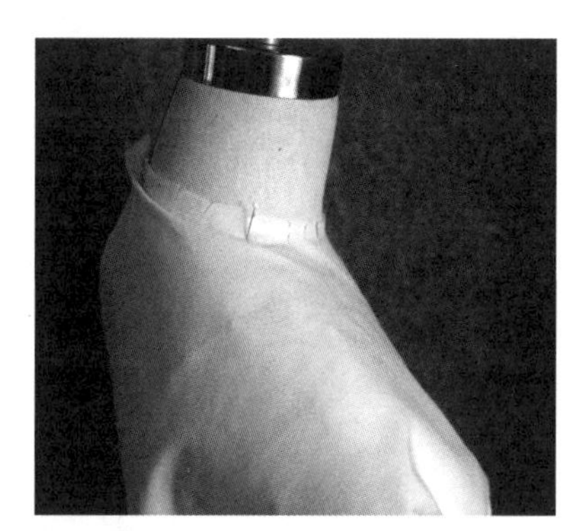
图 10.29 海军领的制作 2

（3）在侧颈点开一剪，距新领口弧线 0.5cm。将前片领窝处的布料�进里侧，顺领口弧线在前中心线处别一针。将前领部分翻上去，将里侧的领布顺领口弧线别上，注意别出褶（图 10.30）。

（4）调整好领型后，用笔将掖进的 0.5cm 凹槽的槽底线及棱线用笔画出，凹槽底线和棱线在侧颈点处逐渐合成一条线顺到前领弧线上。

根据设计，将海军领的外领轮廓线用标志带贴出，再用笔标线。确定领子造型无误后，标线完成（图 10.31）。

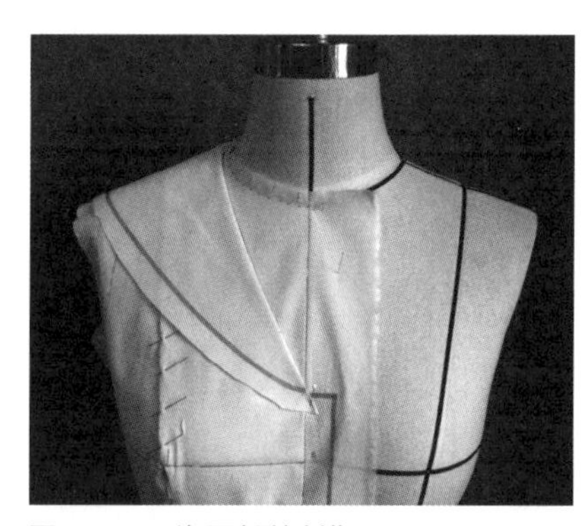
图 10.30 海军领的制作 3

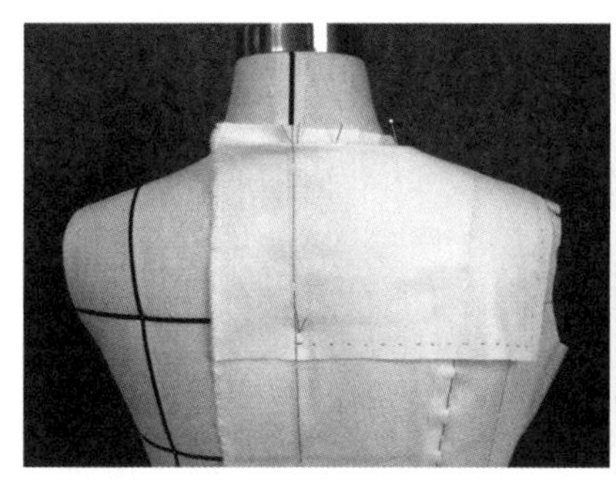

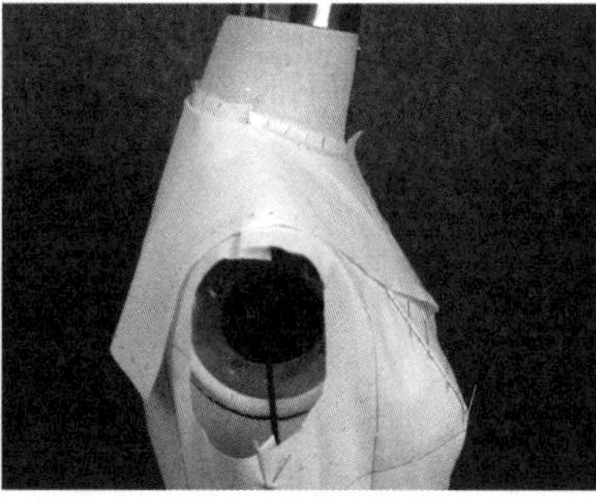

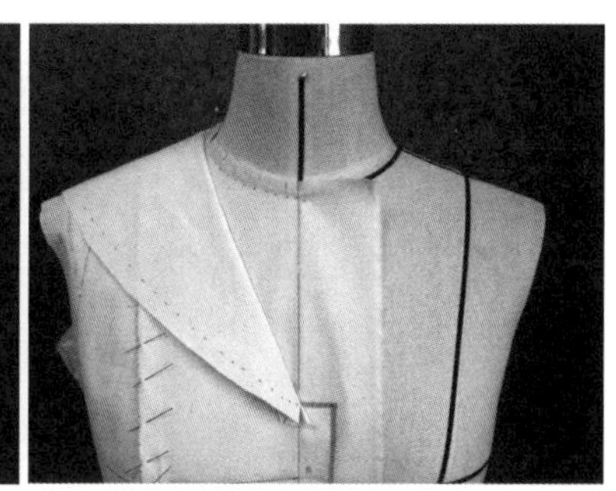

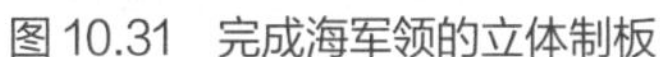
图 10.31 完成海军领的立体制板

（5）拓板，得到海军领的平面板型（图 10.32）。

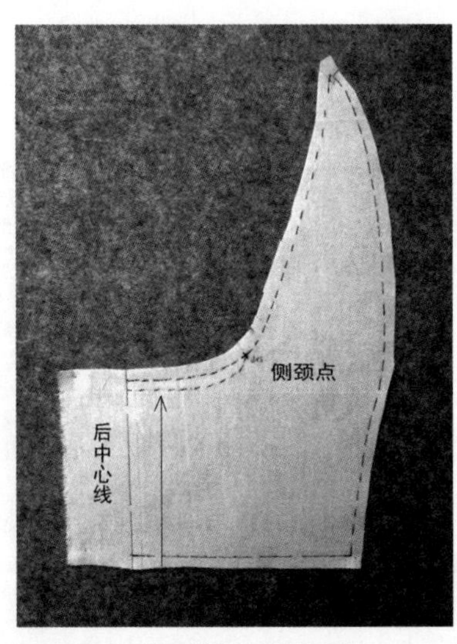

图 10.32　海军领的平面板型

【思考与实践】

学生根据教师的授课内容，进行海军领造型的立体裁剪操作技巧训练。能够进行海军领的款式变化制板训练。

【西装领的制作——基础衣身制板】

【西装领的制作】

第六节　西装领的制作

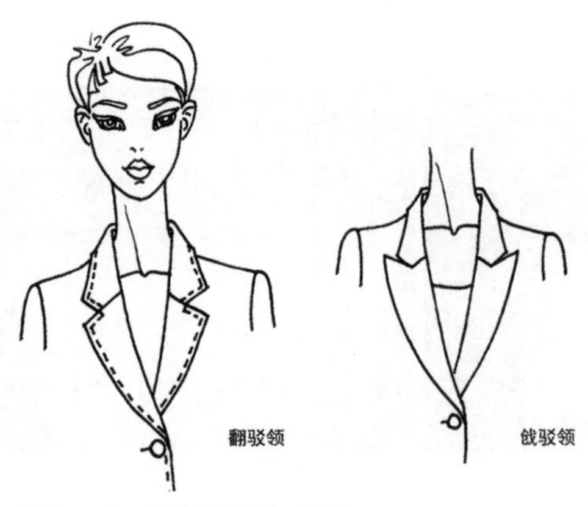

图 10.33　西装领的款式特点

西装领是比较难操作的领子，西装领的标线非常复杂，正确的标线是做好西装领的关键。这里讲述的是翻驳领西装的立裁制板方法（图 10.33）。

一、学习要点

学习目的：掌握西装领的制作方法，并能够举一反三地进行多种西装领领型变化的操作。

制作重点：西装领的标线，西装领与脖颈的空间形态。

制作难点：西装领的标线，人台上的标线及领围线的确定。

二、西装领的制作方法

西装领的制作需要原型衣身的配合，故先大致将前后衣身制作出后，再在衣身上进行西装领操作。

1.胚布的准备

西装领前衣身备布：50cm（经纱方向）×38cm（纬纱方向）；后衣身：50cm（经纱方向）×30cm（纬纱方向）。前后衣身备布标画前后中心线、胸围线、横背宽线。

上翻领的备布：15cm（经纱方向）×35cm（纬纱方向），同小翻领制作时一样先粗裁备布（图 10.34）。

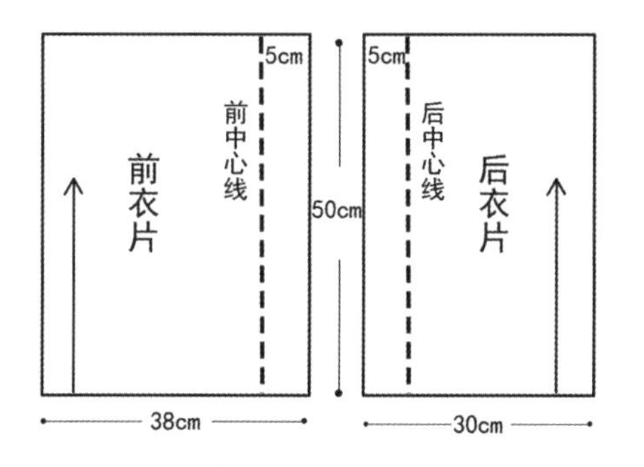

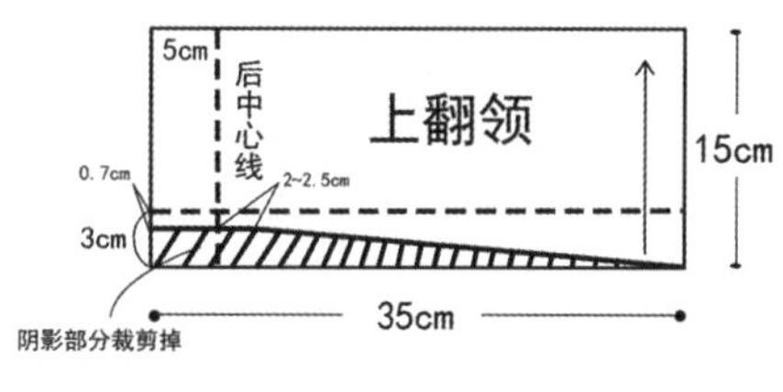

图 10.34　西装领的胚布准备

2.标新领弧线与翻折线

（1）根据设计的翻驳领领型，在人台上标线，后领口不动，侧颈点外扩 0.5 ～ 0.7cm，标志带绕下来过前中心线 1.5cm 标止口点，止口点的位置根据设计定。

标翻驳线（领座线），后领弧线上 3.5cm 与后中心线保持 2 ～ 2.5cm 的垂直，再逐渐向前身顺，绕到前面，与刚标的领口弧线顺利地结合在一起。

然后，将西装领的领型在人台上标画出来（图 10.35）。

（2）将前后衣身大致别出，注意箱型结构。将前衣身沿着翻驳线翻过来，将下领型标画出（图 10.36）。

（3）将衣身再翻回去，将领型及翻驳线透画出。顺着领型上边缘线延长 1.5 ～ 2cm，再从此点标线顺回到侧颈点处的领弧形上去，此线非常重要，是前衣身真正的领弧线，将与上领结合（图 10.37、图 10.38）。

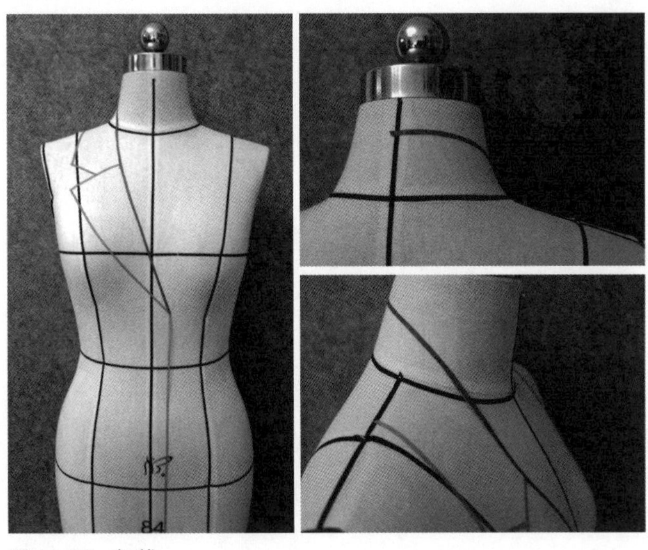
图 10.35　标线

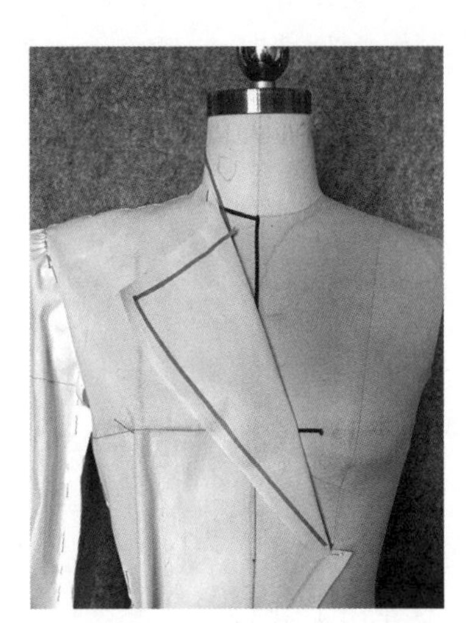
图 10.36　标画下领型

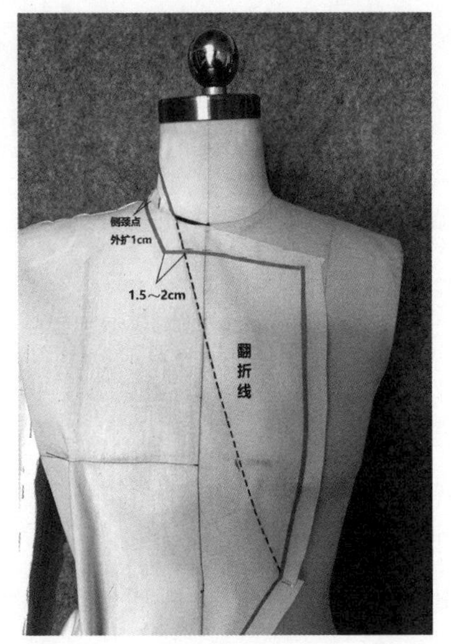

图 10.37　标画西装领弧线 1

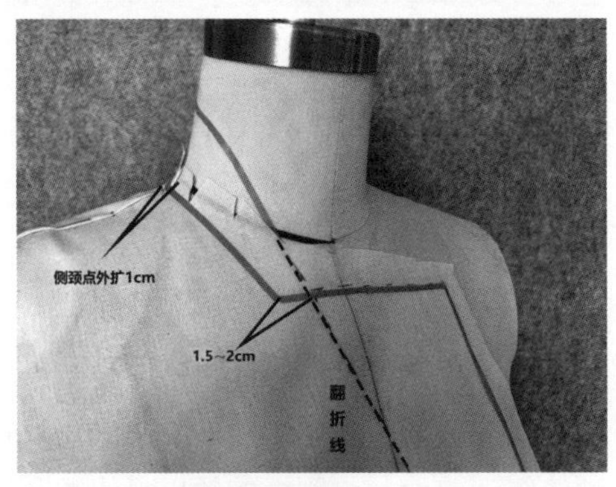

图 10.38　标画西装领弧线 2

3.做上翻领

做上翻领，做法同小翻领制作方法基本一致。

（1）将胚布的后中心线对合人台后中心线，胚布的 3cm 辅助线对合新画的领弧线，重合别好，与后中心线垂直 2 ～ 2.5cm 处别对针固定（图 10.39）。

（2）根据标好的领座高度线将上领翻下来，翻下来的后中心线与人台别好。在肩部开一剪（别剪过了），把领向前拽到前衣身来，不顺的地方要开剪。将衣片的驳领翻过来，将拽过来的翻领定型，看拽过来的里布是否够得着领弧线的位置。将上翻领调整出合适的型，领子侧面一手指的松度，呈梯形（图 10.40）。

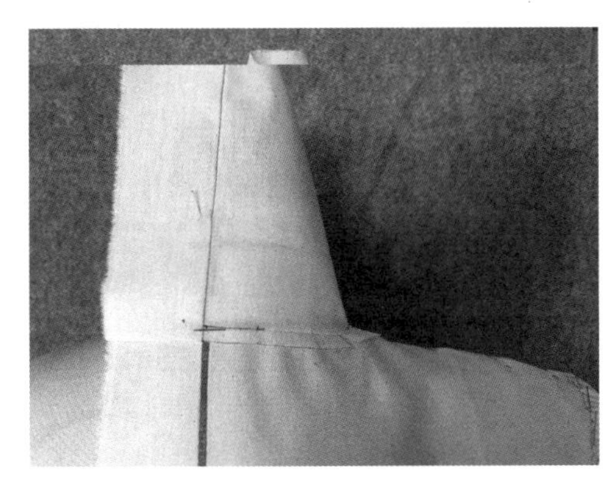

图 10.39　制作上翻领 1

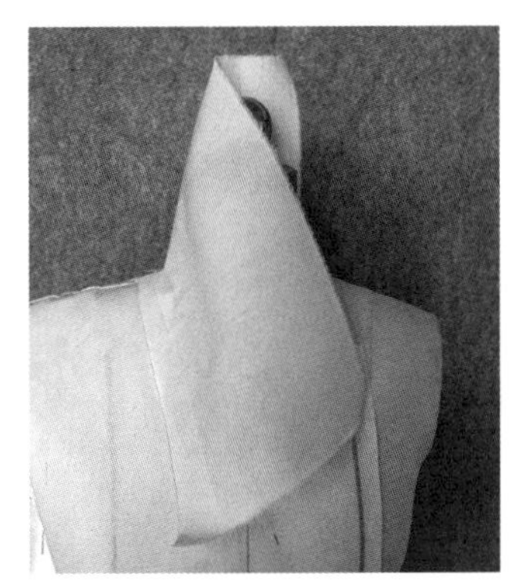

图 10.40　制作上翻领 2

上翻领翻过来后，与翻驳线顺上（图 10.41）。

（3）将衣身的领型翻过来，压住上翻领。并将上领与下领在驳头线上别针固定（图 10.42）。

（4）将上下领翻上去，理顺上领领底布料后将领口弧线标画出（图 10.43）。

（5）将上下领翻下来，用胶带将上翻领领型标画出，领面比领座多 1cm，左右盖住。所有标线画完后，完成。拓板，得到平面板型（图 10.44）。

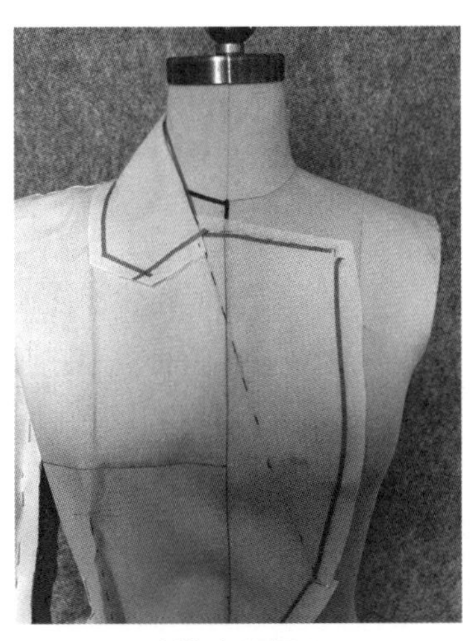

图 10.41　制作上翻领 3

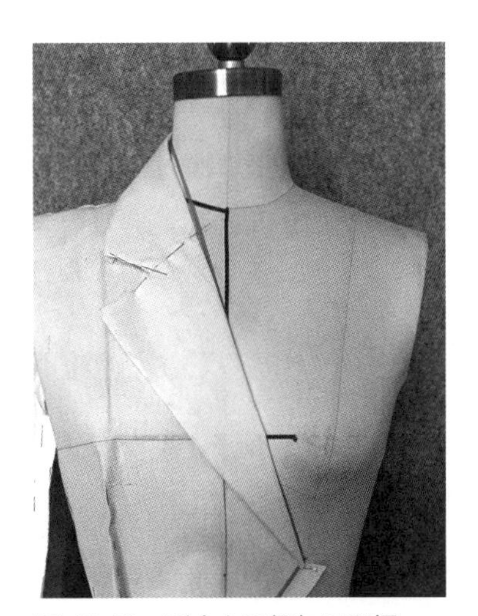

图 10.42　别合上翻领与下翻领

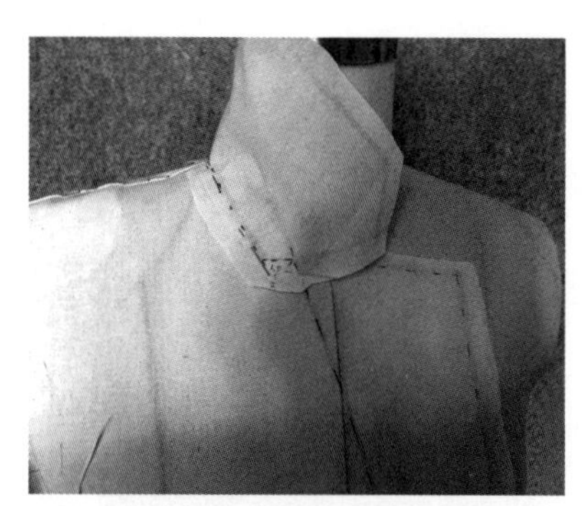
图 10.43　标画上翻领的领弧线

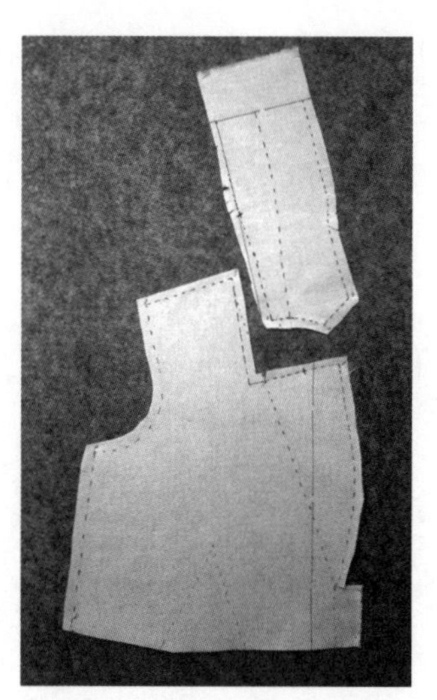
图 10.44　西装领的平面板型

【思考与实践】

学生根据教师的授课内容，进行西装领造型的立体裁剪操作技巧训练。能够进行西装领的款式变化制板训练。

第七节　连衣裙考试

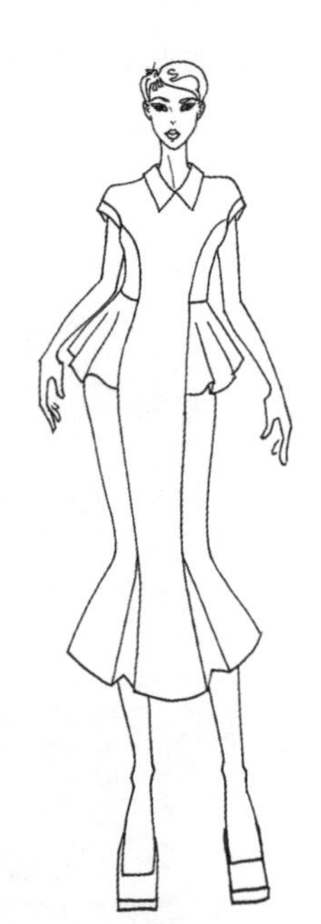
图 10.45　连衣裙考试试题

根据服装款式图，用立体裁剪制板方法在人台上做出连衣裙的右半身板型，用大头针别合。要求款式分析准确、能够运用正确的立裁技术技巧、大头针别针方法准确、板型制作工整、比例优美。

图 10.45 是连衣裙考试的试题，请仔细审题后，运用立体裁剪制板技术操作答题。

考试目的：拓宽多种连衣裙款式的制作思路，能够灵活运用所学过的立体裁剪技术技巧，进行举一反三的思考与实践。

考试考核点：连衣裙款式所需要的制作技巧是否正确、熟练；服装的松度是否合适，是否保留住箱型结构；连衣裙的板型及整体比例与制作工整程度。

考试时间：8 学时。

思考与实践：学生进行连衣裙的立体制板考试。

第十一章 女西装的制作

CHAPTER ELEVEN

第一节　双排扣女西装衣身的制作

本节所讲述的双排扣女西装为翻驳领、双排扣、三片结构、两片袖的女西服上装。

图 11.1　双排扣女西装的款式特点

一、学习要点

学习目的：掌握双排扣女西装的制作方法，掌握三面构成女上装的制作要点，并能够举一反三地进行多种款式及衣身分割方法的女上装制作。

制作重点：三面构成身女西装的制作方法，肋片线藏在箱型结构下。把握服装的松度及箱型结构，尤其是前胸宽和后背宽处的箱型结构部分，应注意其裁剪技巧、西装领的制作。

制作难点：女西装箱型结构及服装松度的把握，西装领的制作。

双排扣女西装的款式特点如图 11.1 所示。

二、双排扣女西装衣身的制作方法

【双排扣女西装衣身的制作——人台标线】

1.人台标线

根据设计款式在人台上将双排扣女西装的结构轮廓线标画出。标线时，前片与后片腰围线以下的外轮廓线要呈放射状。

注意，前后的肋片结构线应在前后箱型结构下，不要破坏箱型结构。服装做好后从正面或背面不易看到此结构线为佳(图 11.2)。

2.安装假手臂、垫肩

（1）女西服上装涉及袖子的制作，故应在制作前将假手臂安装上。注意，安装后的假手臂的中心线应与地面保持垂直，手臂稍微向前倾斜。

（2）安装垫肩，选择稍微厚一些的垫肩，厚度约为 1cm。安装垫肩时，要注意观察假手臂，垫肩要盖住胳膊的最鼓处。找到垫肩的中线，在人台肩线处，将垫肩的中心线向后窜 1cm，别好(图 11.3)。

3.胚布的准备

双排扣女西装的胚布准备为：前片，72cm（经纱方向）×40cm（纬纱方向）；后片，72cm（经纱方向）×33cm（纬纱方向）；肋片，61cm（经纱方向）×28cm（纬纱方向）；

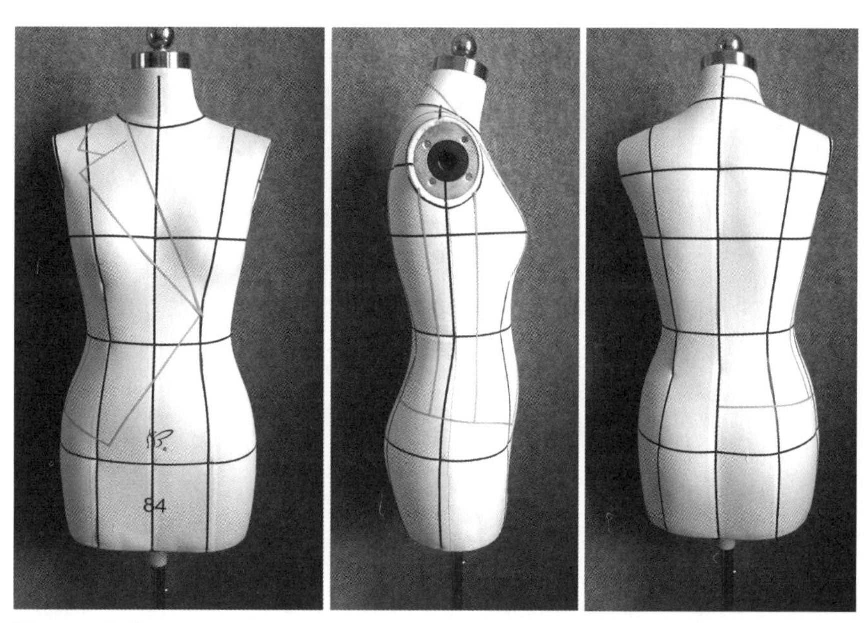

图 11.2　标线

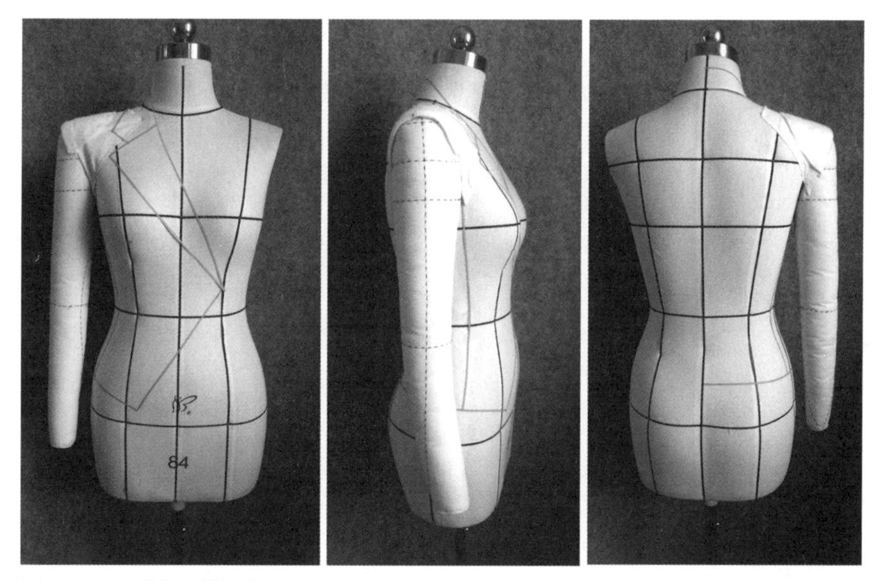

图 11.3　安装假手臂及垫肩

上翻领，17cm（经纱方向）×35cm（纬纱方向）；大袖片，61cm（经纱方向）×28cm（纬纱方向）；小袖片，51cm（经纱方向）×20cm（纬纱方向）。

胚布上标画基础线，前片胚布标画前中心线、胸围线。后片胚布标画后中心线、目标线、横背宽线。肋片标画目标辅助线及胸围线。大小袖片标画中心线及袖根线（图 11.4）。

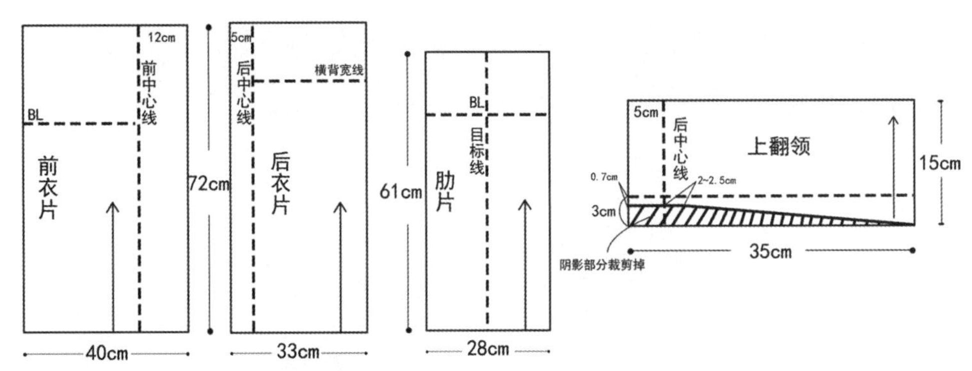

图 11.4 双排扣女西装衣身的胚布准备

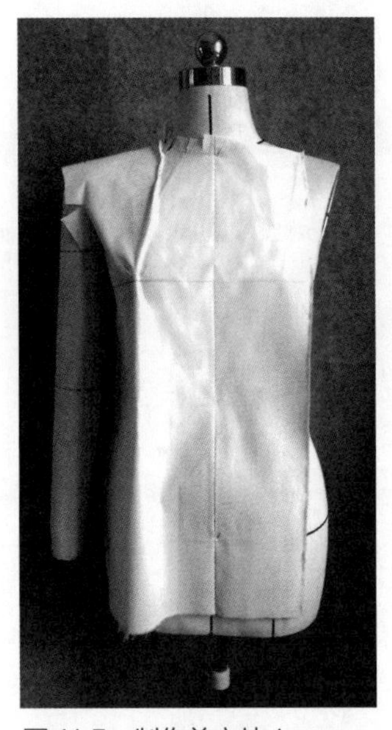

图 11.5 制作前衣片 1

【双排扣女西装衣身的制作——前后衣片的制作】

【双排扣女西装衣身的制作——西装领的制作】

4.双排扣女西装的衣身制作

（1）前片，由于女西装的面料有一定厚度，故前中心线向外扩 0.5cm 与人台前中心平行，胸围线重合别好，BP 点留 1cm 松度(图 11.5)。

（2）领口处修剪，从胸围线上布料塑型调整，塑造箱型结构，将胸围线上省量向领口处推。在领口处捏省 8 ～ 9cm 长度。注意，领口省最好推转到衣身领口弧线以外，这样裁剪后领口省可以裁剪掉，如果省量较大，即使不能消失，也要确保驳领翻过来后能将其盖住(图 11.6)。

（3）调整胸围线以下造型，塑造出箱型结构，将胸腰余量在前公主线处捏腰省，省量不能太大，2.5 ～ 3cm 为佳，省尖距离 BP 点 4cm。捏取腰省时注意箱型结构确定后再别省，省道在下摆处留取 0.7cm（总 1.4cm）的松度(图 11.7)。

（4）后片，后中心线、横背宽线对合别好。腰围线以下，后中心线处折进共 1.5cm 的省道。腰围线下至底摆保持 1.5cm 折进量，腰围线以上，折进量逐渐递减至横背宽线处消失。肩胛骨处留 1cm 松度，保证横背宽线对合，修剪后领口。由于垫肩的原因，后肩省应自然消减掉(图 11.8)。

（5）在后腋点处开一剪，调整面料。后腋点处折进 1cm 的松度，作为后背活动量，将袖窿线藏在 1cm 松度中。在腰围线处开剪调整后箱型结构，注意腰围处是合体的没有余量。在后公主线处可以捏后腰省，也可以无省。若不捏取省道后腰处会有些余量，制作时通过归拔熨烫可以处理掉(图 11.9)。

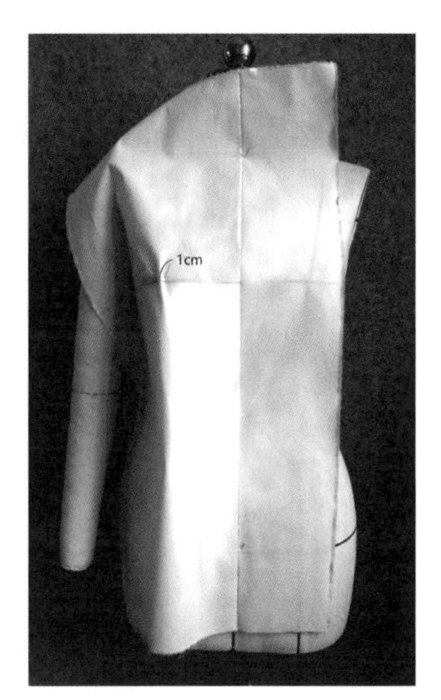

图 11.6　制作前衣片 2

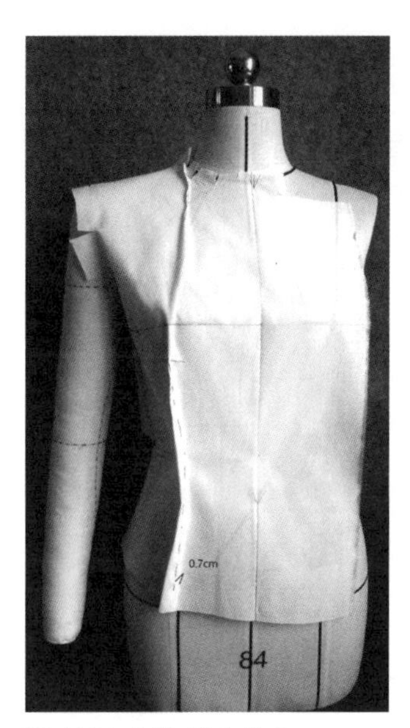

图 11.7　制作前衣片 3

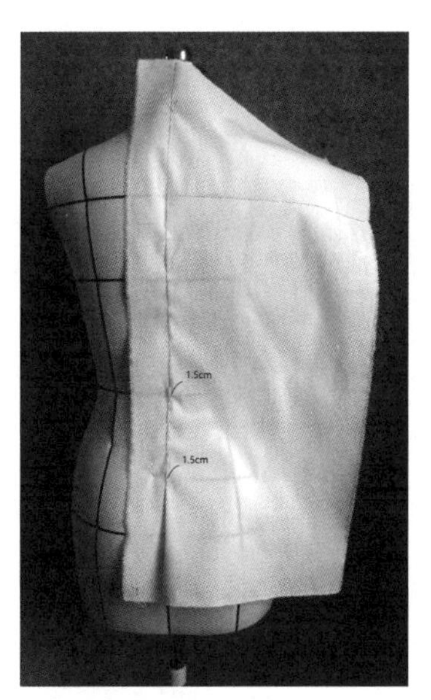

图 11.8　制作后衣片 1

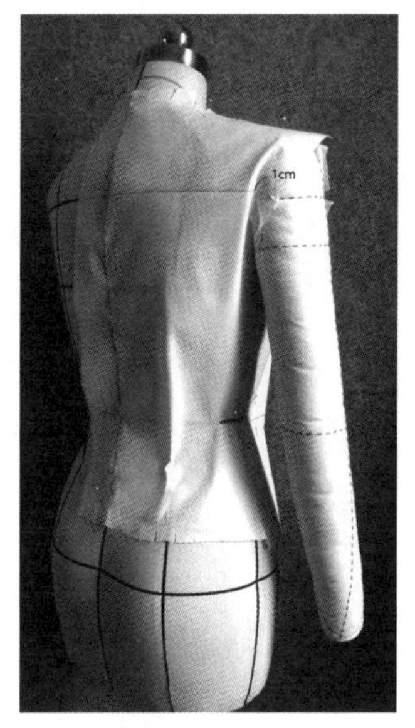

图 11.9　制作后衣片 2

（6）肋片，目标辅助线对准人台侧缝线，胸围线对合别好。在胸围线目标辅助线处留 1cm 松度，臀围线处留 1cm 松度。腰围线处横开剪，与前后片合片（图 11.10）。

【双排扣女西装衣身的制作——肋片的制作】

（7）合片，将人台假手臂举起，前后片与肋片折叠别合，胸围线对齐，前后片压肋片，别合时注意箱型结构。将前后片肩线折叠别合，前片压后片（图 11.11）。

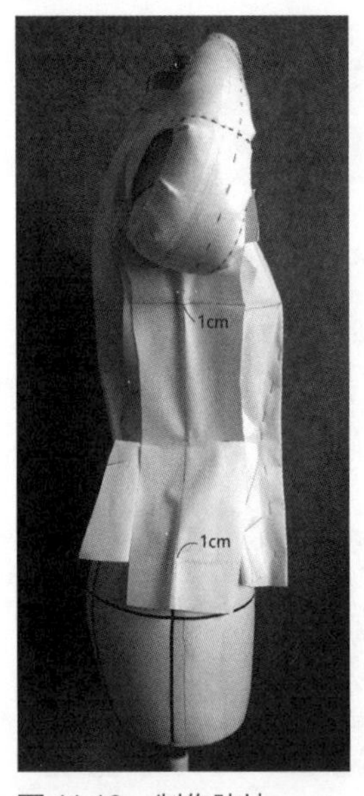

图 11.10　制作肋片

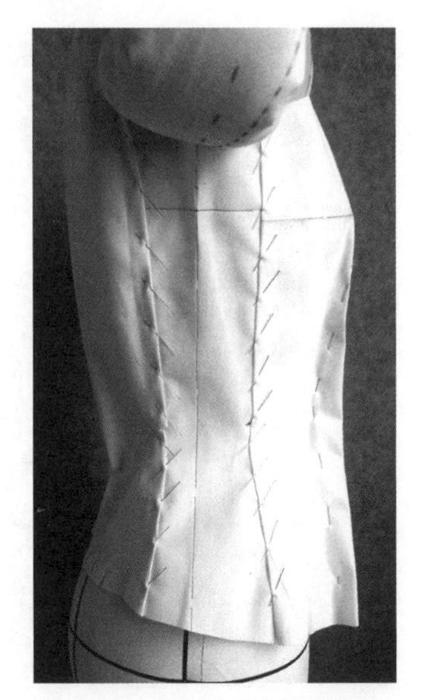
图 11.11　别合前后衣片及肋片

（8）将人台假手臂放下，观察衣身造型结构，松度是否合理，箱型结构是否做到位（图 11.12）。

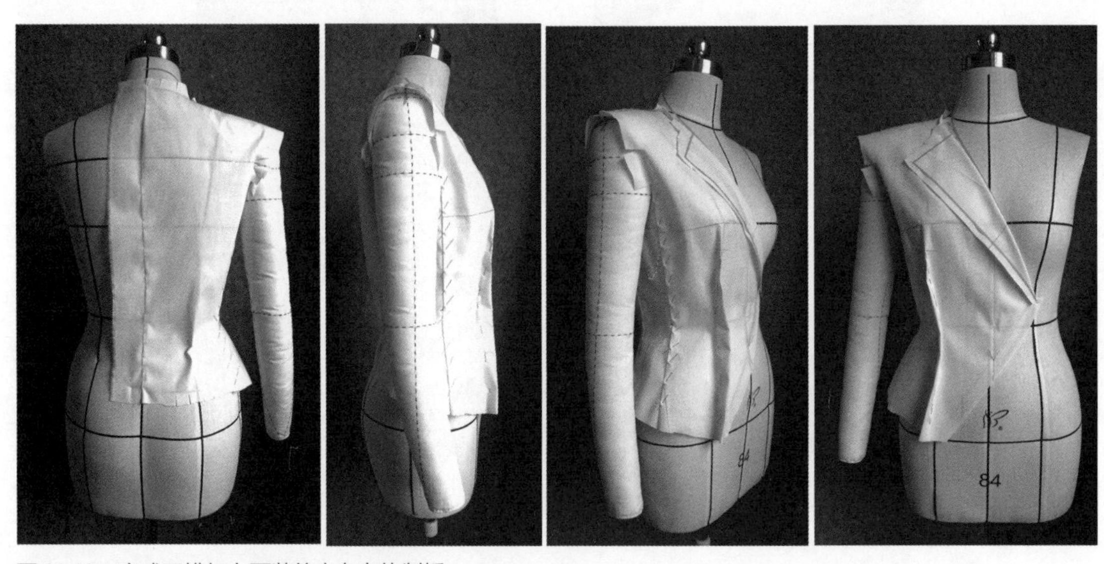

图 11.12　完成双排扣女西装的衣身立体制板

（9）制作双排扣女西装领子，制作方法同西装领制作方法一致（图 11.13）。

5.观察服装形态，标线完成

拓板，得到双排扣女西装的平面板型（图 11.14）。

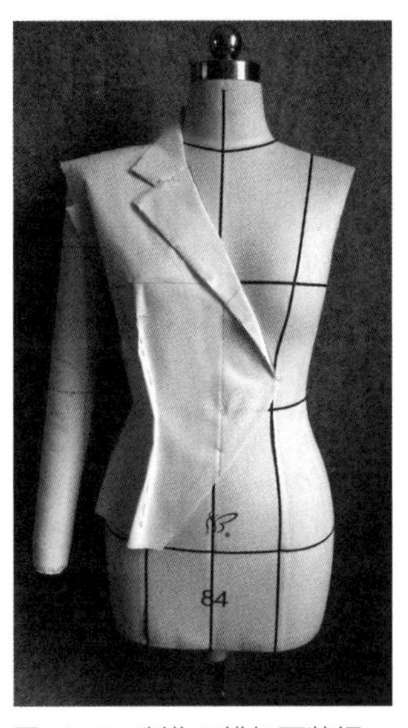

图 11.13　制作双排扣西装领

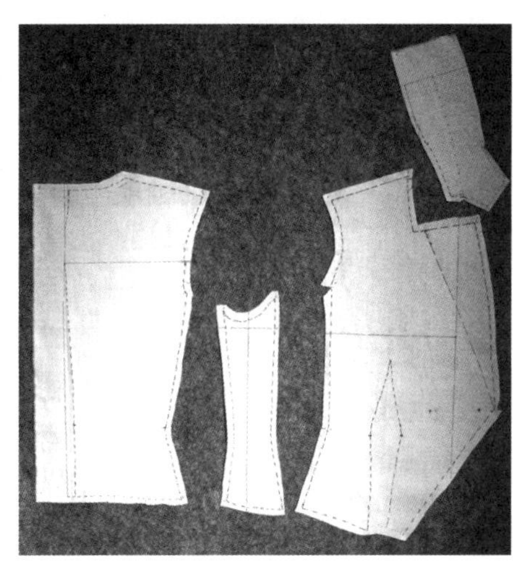

图 11.14　双排扣女西装的平面板型

【思考与实践】

学生根据教师的授课内容，进行双排扣女西装衣身造型的立体裁剪操作技巧训练。

第二节　袖子的制作

袖子是服装的重要组成部分，袖子的种类多种多样，从结构上主要分为一片袖、两片袖、插肩袖、蝙蝠袖等。

一、学习要点

学习目的：掌握袖子的构成原理及袖子与身体的角度变化，与袖山变化的关系。掌握一片袖、两片袖的制作方法，并能够运用所学知识进行多种袖型的制作。

制作重点：袖子肥度的确定及袖子弯曲度的掌握；两片袖的分割线位置及一片袖的省道位置；袖包的缩别针法。

制作难点：袖子肥度及弯度的确定，袖包的处理。

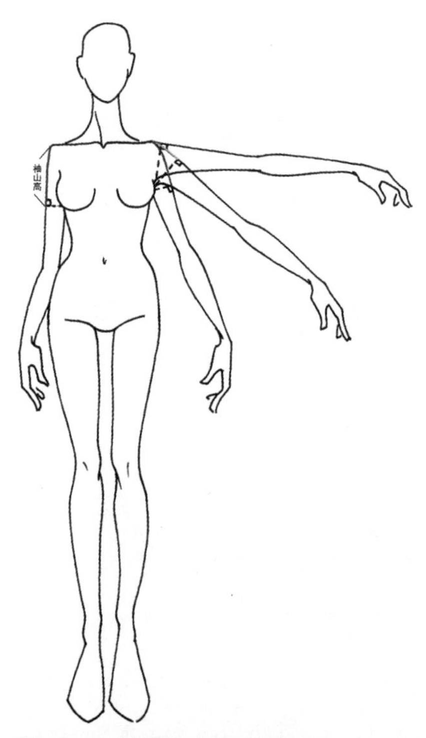

图 11.15　袖子构成原理示意图

二、袖子的构成原理

袖子包裹住手臂，与胳膊的活动有密切关系。在设计袖子时要充分考虑手臂的活动程度、服装的穿着场合等因素。例如，对于如休闲运动服装，要充分考虑胳膊的活动量，服装的袖子要适于胳膊大幅度的运动需要；对于西装等正式服装，则应考虑服装的修身美观性，可以在袖子上加入小幅度的胳膊活动量，更加保证服装的美观合体性。

袖山高与袖子的活动量息息相关。袖山高，即腋点与胳膊画垂线连接点到肩端点之间的距离为袖山高。

袖子构成原理示意图如图 11.15 所示。

袖山越高，袖子越窄，袖子的活动量就越小，胳膊也就无法举得很高。但胳膊放下时，袖子的合体性、美观性更好，故西装等正式服装的袖山高相对较高；相反，袖山越低，袖子越肥，袖子的活动量就越大。但当胳膊放下时，腋下会出很多褶皱，袖子的合体性、美观性越低，故休闲运动服装的袖山高相对较低。

【双排扣女西装两片袖的制作——袖身的制作】

【双排扣女西装两片袖的制作——袖窿的别合】

三、两片袖的制作

两片袖是西装等正式服装常使用的袖子结构，更能够适应手臂向前弯曲，前倾的形态。此处承上一节双排扣女西装的袖子部分。

1.胚布的准备

大袖片，61cm（经纱方向）×28cm（纬纱方向）；小袖片，51cm（经纱方向）×20cm（纬纱方向）。大、小袖片标画袖中线及袖根线（图 11.16）。

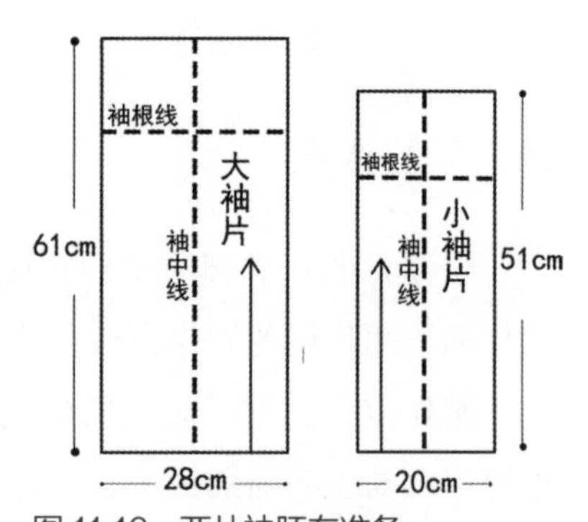

图 11.16　两片袖胚布准备

2.两片袖的制作

（1）标袖窿弧线。在衣身上标画袖窿弧线，人台臂圈与侧缝线相交处下降 2.5cm 为袖窿底，后袖窿线藏在后腋点 1cm 活动量里侧（图 11.17）。

（2）大袖片。袖中线、袖根线与人台假手臂基础线重合别好。在袖子两侧抓起布料别袖肥，即袖子的松度。袖肥，手臂前侧为 1.5cm（共 3cm）、后侧为 2cm（共 4cm）。注意袖肥从手臂根部开始至肘部到手腕处袖肥均为前 1.5cm、后 2cm。要仔细调整袖肥，捋顺布丝，将肥度上下调整一致，并用大头针别好（图 11.18）。

（3）小袖片。小袖片中心线、袖根线与胳膊对合别好，注意小袖片的袖根线要与大袖片袖根线对上。小袖片不要留松度，与大袖片抓紧别合（图 11.19）。

（4）大小袖片别好后将袖肥别针打开，观察袖子形态，看袖子是否随手臂呈向前弯曲状态，袖子布丝是否顺畅；大小袖片别合线是否藏在里侧等（图 11.20）。

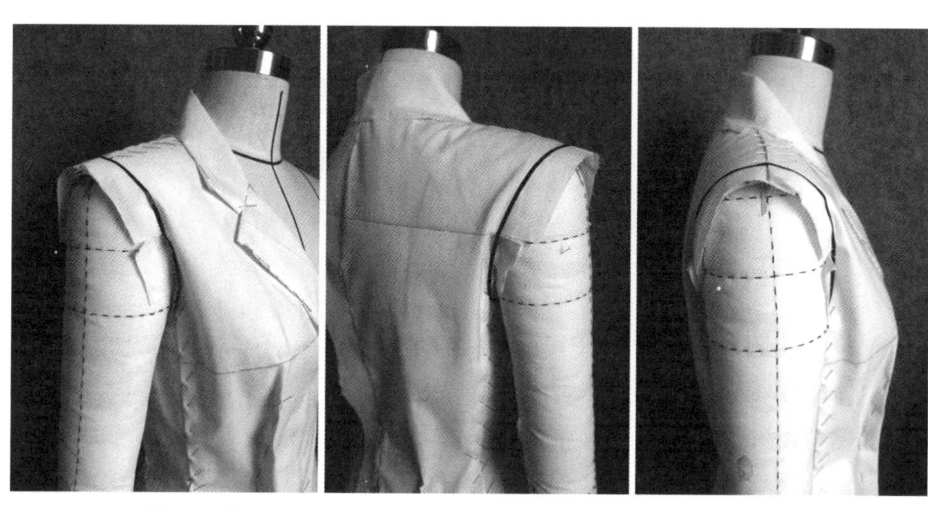
图 11.17　标画袖窿弧线

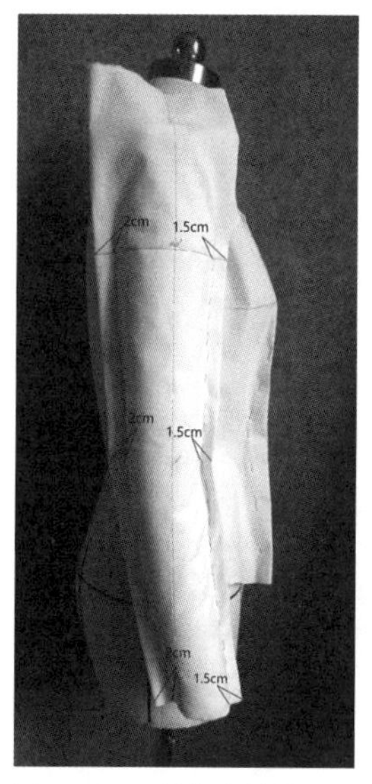

图 11.18　制作大袖片

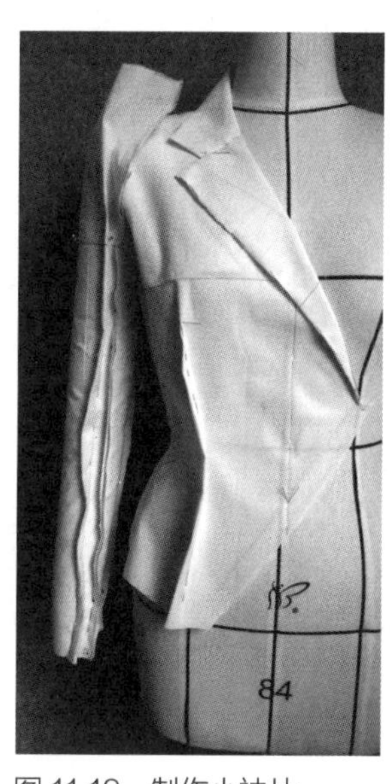

图 11.19　制作小袖片

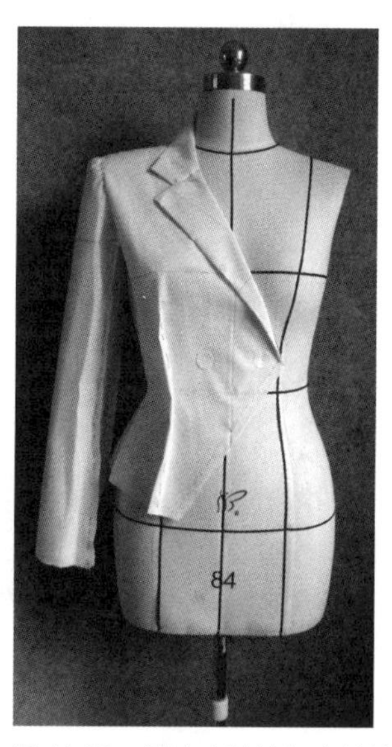

图 11.20　别合大袖片与小袖片

（5）别合袖子与衣身。将袖子的袖山线粗裁，将袖子的袖山线折进与衣身袖窿标线处别合。由于袖子袖窿线大于衣身袖窿线，故在与衣身别合时用大头针将袖子多出的袖窿量拱起缩缝别针，起到抽袖包的作用。此处操作是袖子制作的难点，要反复调整别合。别合后袖窿线时，注意袖窿线藏在后腋点 1cm 松度里侧。

将胳膊向内弯曲 45°，别合小袖的内侧袖窿底线（图 11.21）。

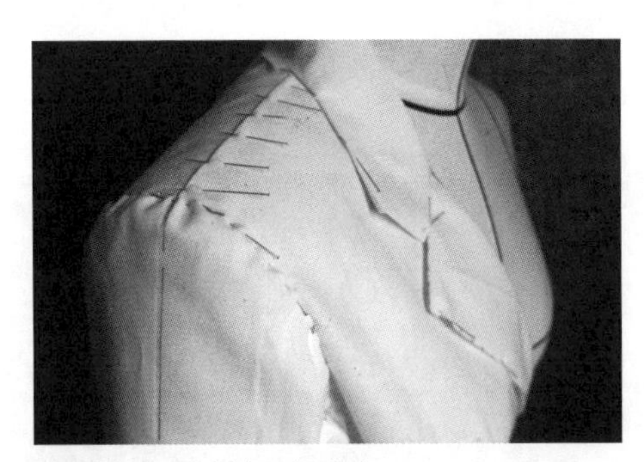

图 11.21 别合袖子与衣身

（6）观察袖子整体形态，标线完成。袖子别好后从正、背、侧面观察袖子形态，袖子肥度是否合适、袖子是否呈弯曲状态，袖子袖窿线缩缝别合是否顺畅、是否藏在后腋点 1cm 松度里侧与前箱型结构下等。袖子形态确定无误后，标线完成（图 11.22）。

拓板，得到两片袖的平面板型（图 11.23）。

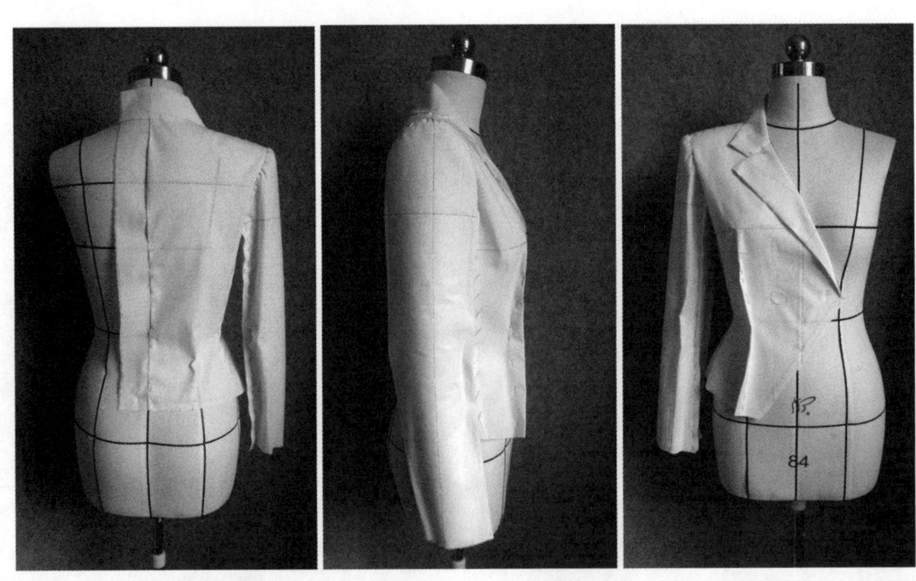

图 11.22 完成两片袖的立体制板

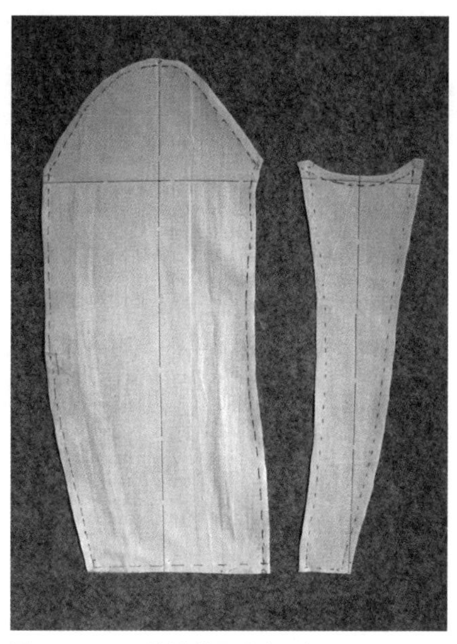

图 11.23 两片袖的平面板型

【思考与实践】

学生根据教师的授课内容，进行两片袖造型的立体裁剪操作技巧训练。

四、一片袖的制作

一片袖是常见的袖子结构，在运动休闲、衬衫类服装中经常使用，一片袖较两片袖的制作方法相对简单。

【一片袖的制作】

1.胚布的准备

一片袖的胚布尺寸为：65cm（经纱方向）×50cm（纬纱方向）。胚布上标画中心线及袖根线（图 11.24）。

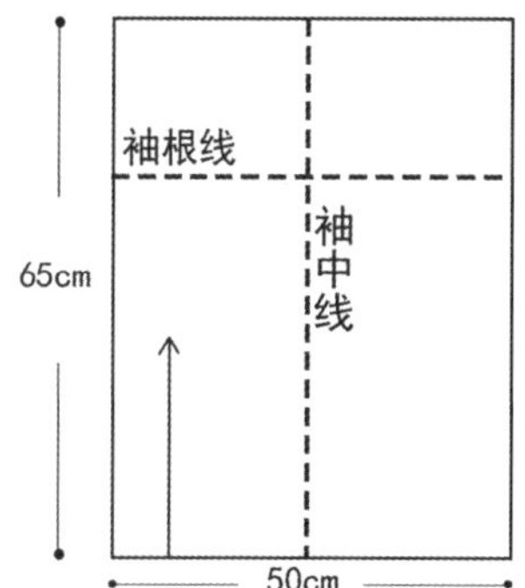

图 11.24 一片袖胚布准备

2.一片袖的制作方法A

在制作一片袖时，可以将假手臂从人台上取下，在桌面上操作。

（1）胚布袖中线、袖根线与假手臂基础线对合别好（图 11.25）。

（2）捏取袖肥，袖肥松度与两片袖一致，前侧为 1.5cm（共 3cm）、后侧为 2cm（共 4cm）。注意，袖肥从手臂根部开始至肘部到手腕处袖肥均为前 1.5cm、后 2cm（图 11.26）。

（3）捏肘省，捏取后侧袖肥时，从袖根部和袖腕部向袖肘部捏取，会产生多余的量，这是因为肘部弯曲造成的。将胳膊翻过来，余量在袖肘部捏成省道，省尖不要超过外肘线（图 11.27）。

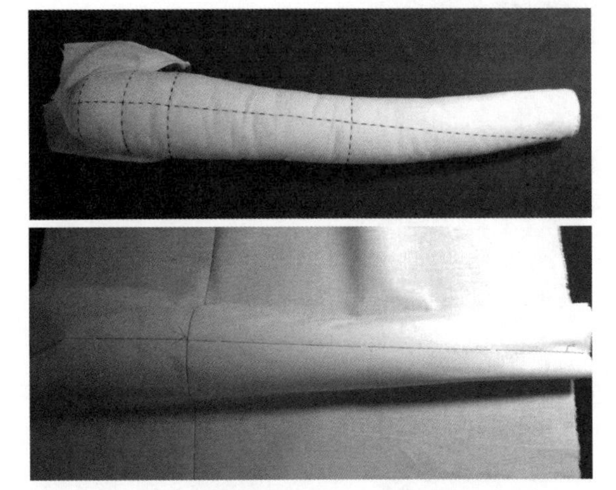

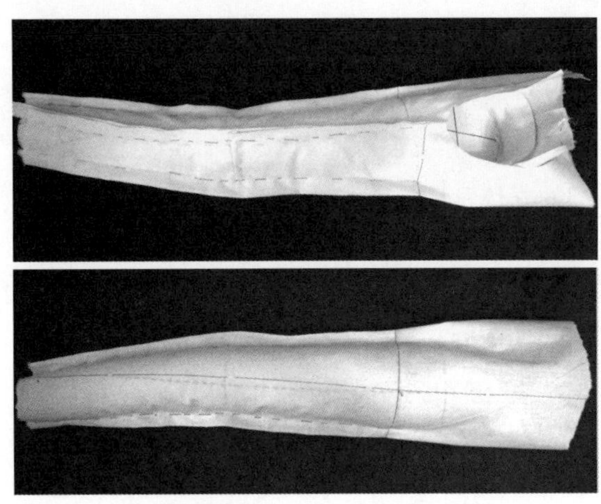

图 11.25 一片袖的制作方法 A

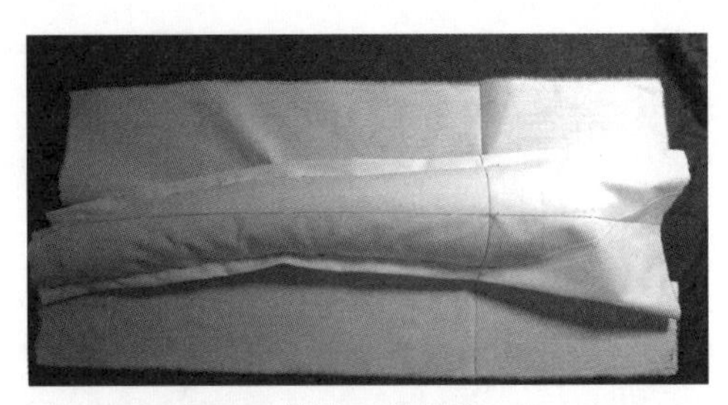

图 11.26 捏取一片袖 A 的袖肥

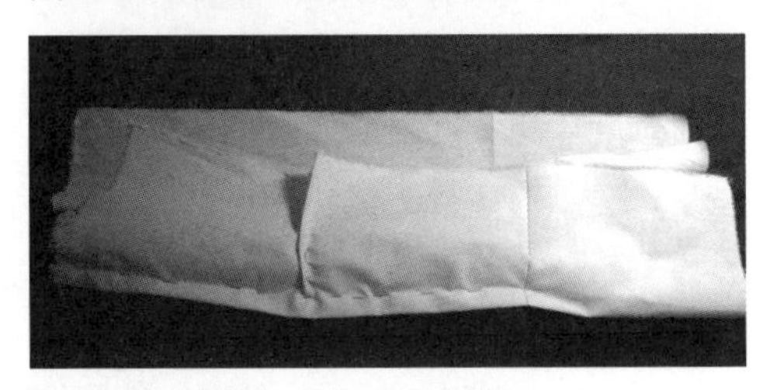

图 11.27 捏取一片袖 A 的肘省

图 11.28 别合袖底线

（4）将袖片在胳膊里侧中线处抓合别针，袖根线要对上，不要有松度（图 11.28）。

（5）将袖肥松度别针打开，观察袖子形态，满意后安装在人台上，同两片袖上袖方法一致，将衣身与袖子的袖窿线别合，袖窿线别合方法与两片袖相同。最后，标线完成（图 11.29）。

拓板，得到一片袖 A 的平面板型（图 11.30）。

3.一片袖的制作方法B

（1）胚布尺寸及胚布标线同一片袖 A 一致。

（2）袖中心线、袖根线对合别好。前侧袖肥 1.5cm 正常别，后侧袖肥，肘以上 2cm 别，肘以下，顺布料向下捋，再顺胳膊无松度及 2cm 肥度别两行针（图 11.31），剩下的三角形部分为省道。

再将袖底线别合上，别合方法同一片袖 A。袖窿线别合方法同两片袖袖窿别法一致。

拓板，得到一片袖 B 的平面板型（图 11.32）。

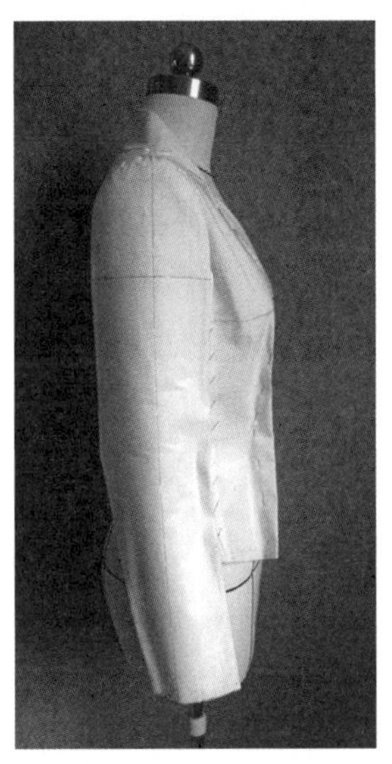

图 11.29 完成一片袖 A 的立体制板

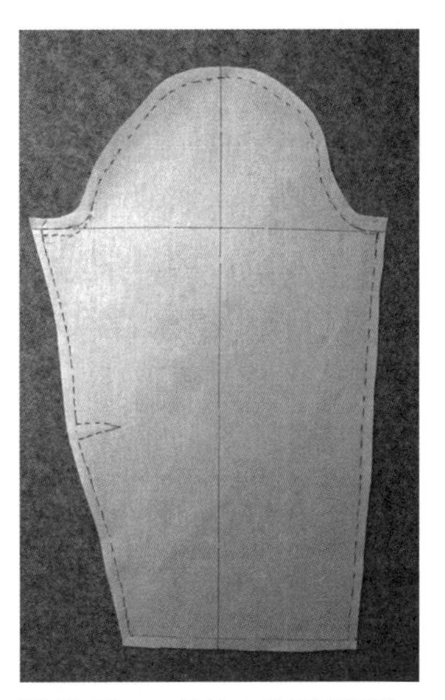

图 11.30 一片袖 A 的平面板型

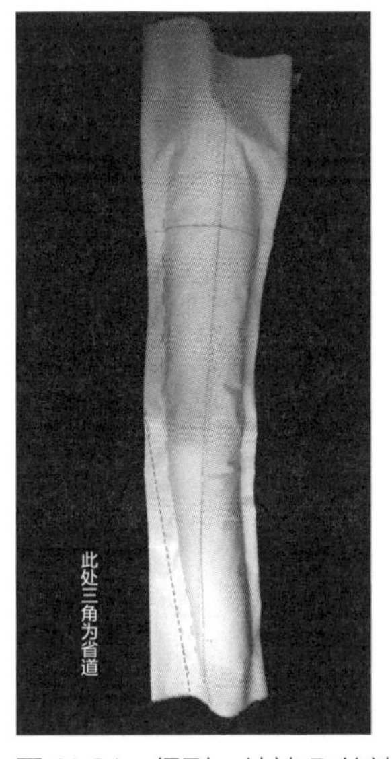

图 11.31 得到一片袖 B 的袖口省

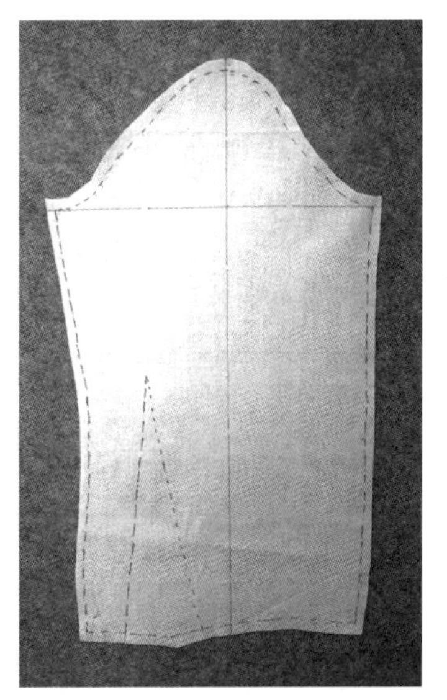

图 11.32 一片袖 B 的平面板型

【思考与实践】

学生根据教师的授课内容，进行一片袖造型的立体裁剪操作技巧训练，并进行一片袖 A 与一片袖 B 的制板。

第三节　西服套装考试

图 11.33　西服套装考试试题

根据设计图用立体裁剪制板方法在人台上做出女西服上装及裙子的右半身板型，用大头针别合。要求款式分析准确、能够运用正确的立裁技术技巧、大头针别针方法准确、板型制作工整、比例优美。

图 11.33 是西服套装考试的试题。

考试目的：拓宽女上装多种结构分割款式的制作思路，能够灵活运用所学过的立裁技术技巧，进行举一反三的思考与实践。

考试考核点：是否能够准确分析西服上装及裙子的结构款式、所使用的制作技巧是否正确、熟练；西服套装的松度是否合适、箱型结构及服装的空间形态是否明确；套装的板型、比例与制作工整程度。

考试时间：8 学时。

思考与实践：学生进行西服套装的立体制板考试。

第四节　万能褶的制作与应用

【万能褶的制作与应用】

【万能褶的制作与应用——使用位置】

万能褶是常用的一种褶皱形式，在服装上呈现的效果给人以复杂、多变的视觉感受，但实则做法非常简单。万能褶是取一块布，在上画螺旋形图案，然后按图案剪下即可，根据选取位置的不同，万能褶的褶皱波浪也有所不同。

万能褶可以根据所画螺旋图案的不同，而产生不同的效果，一般分为等距万能褶及宽度渐变万能褶。等距万能褶的波浪比较平均，褶带的宽度大致相等。宽度渐变万能褶的漩涡中心部分褶浪比较紧，外缘部分褶浪较缓。图 11.34 是两种万能褶的对比效果。

万能褶皱可以安装在服装的很多部位，最常见的为嵌装在结构分割线上，如公主线、派内尔线、裙子的密集纵向或横向分割线上形成万能褶集合。万能褶也可单独作为服装部件使用，如领子、袖子、袖口、服装下摆等（图 11.35）。

图 11.34　两种万能褶的对比效果

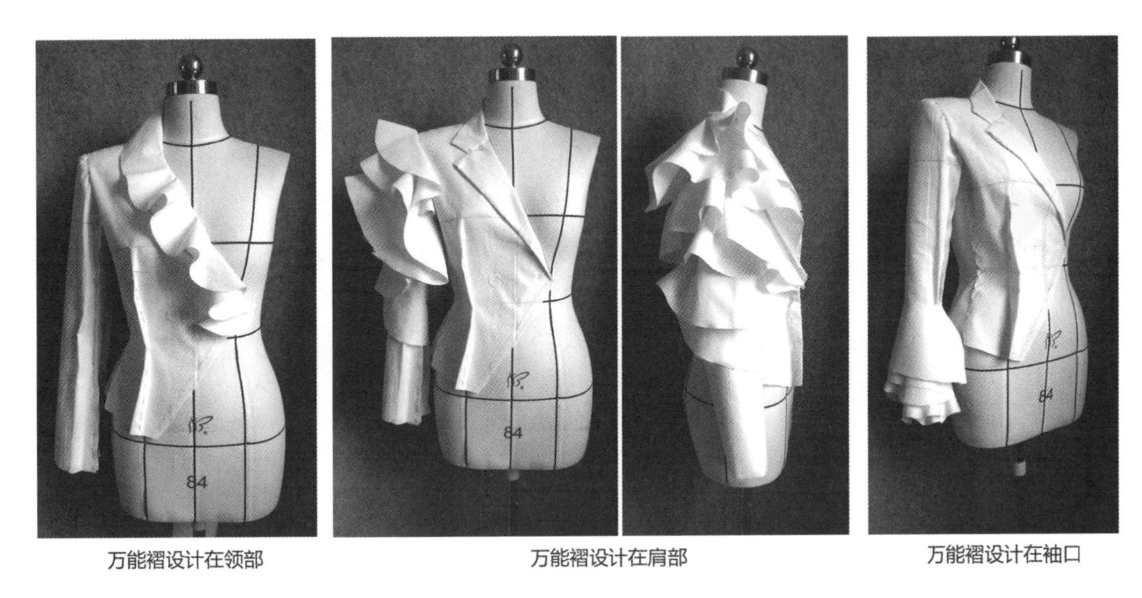

图 11.35　万能褶的设计安装部位

【思考与实践】

练习、体验等距及宽度渐变万能褶的区别及各自的制作方法。

第十二章
第二部分最终提交作业

CHAPTER TWELVE

第一节　最终作业的要求

作业内容：用白胚布制作的服装成衣一套。

作业要求：

1. 设计作品图册。图册内容包括以下几个部分。

（1）能体现立体裁剪特点的服装作品图片。

（2）服装作品图片的解构草图。

（3）立体裁剪、制作过程图及作品的细节展示。

（4）立体裁剪展开图。

（5）用白胚布制作的服装成衣照片（正面、侧面、背面）。

2. 根据以上所学到的立体裁剪技术技巧，参考大师服装图片设计制作最终提交作业。

第二节　作业样例

课程优秀作业如图 12.1 至图 12.5 所示。

【作业样例】

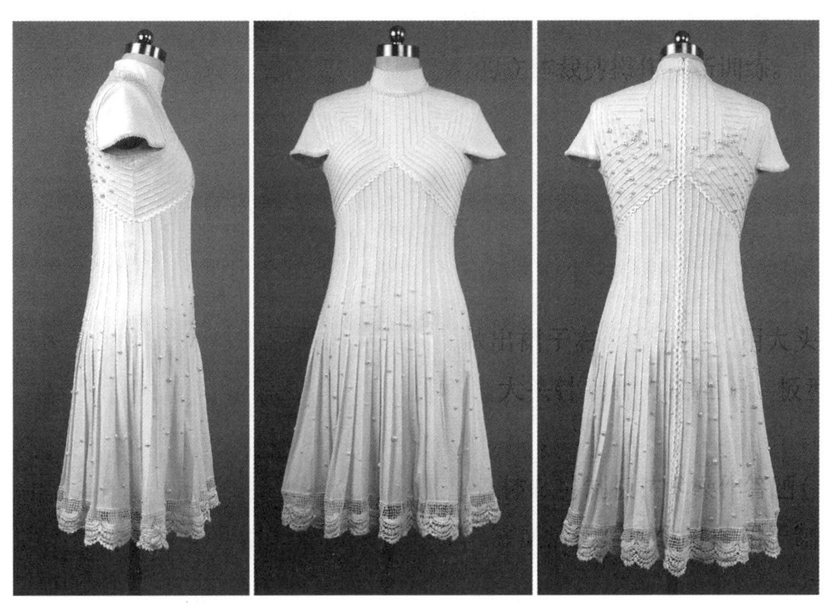

图 12.1　优秀作业 | 作者：张懿子

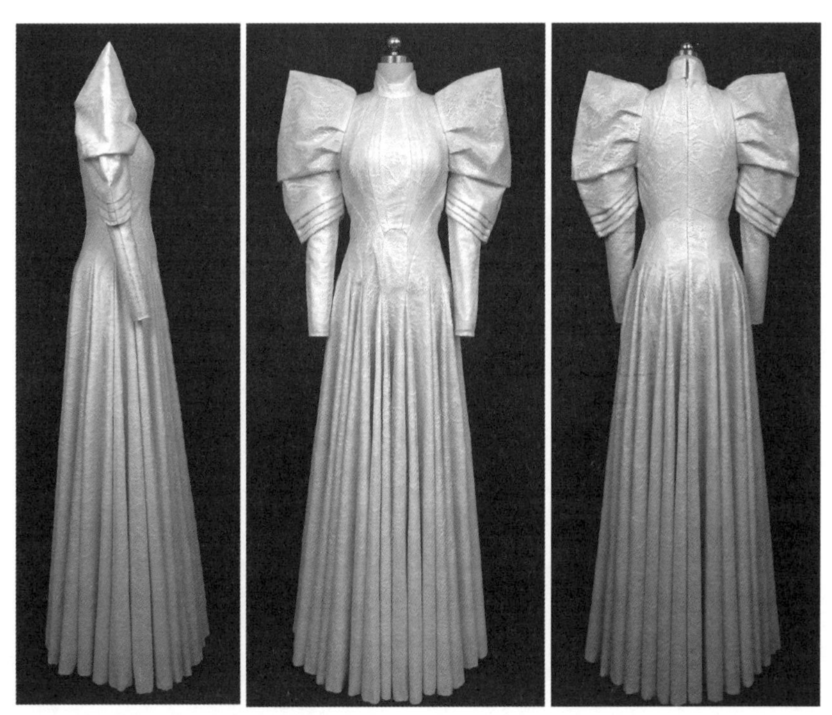

图 12.2　优秀作业 | 作者：梁雨诗

图 12.3 优秀作业 | 作者：张义胜

图 12.4 优秀作业 | 作者：梁晶晶

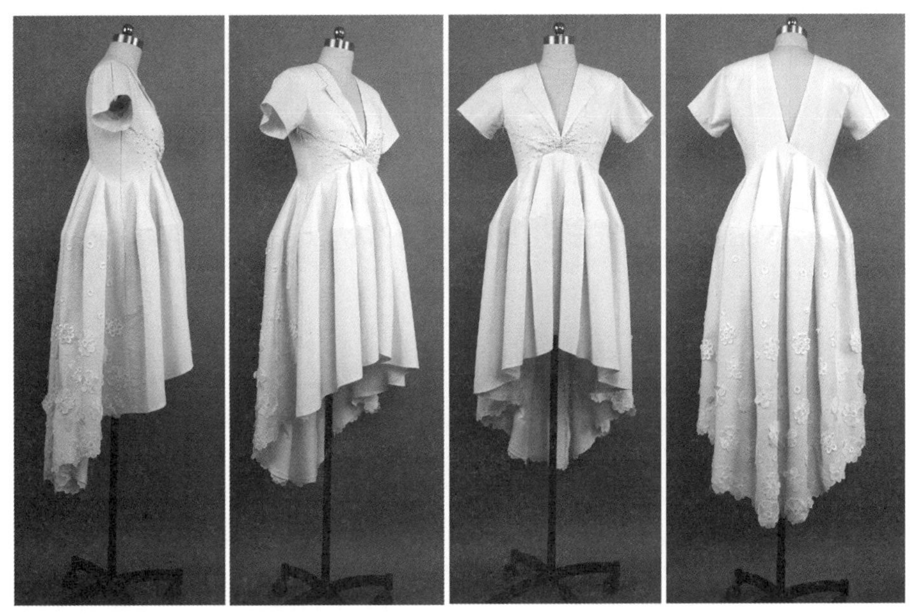

图 12.5　优秀作业 | 作者：巩新宇

参考文献

海伦·约瑟夫·阿姆斯特朗，2003. 美国经典立体裁剪·提高篇［M］. 张浩，郑嵘，译 . 北京：中国纺织出版社 .

康妮·阿曼达·克劳福德，2018. 国际服装立裁设计：美国经典立体裁剪技法：基础篇 / 提高篇［M］. 周莉，译 . 北京：中国纺织出版社 .

任绘，张馨月，2021. 服装立体裁剪技术与表现［M］. 上海：东华大学出版社 .

日本文化服装学院，2004. 服装生产讲座 3：立体裁剪基础篇［M］. 张祖芳，张道英，沈之欢，等译 . 上海：东华大学出版社 .

张馨月，2022. 服装创意立体裁剪（修订本）［M］. 上海：东华大学出版社 .